江苏省"十四五"时期重点出版物出版专项规划项目

现代光子学前沿系列

纳米集成光学器件及纳系统技术

张 彤 著

东南大学出版社

SOUTHEAST UNIVERSITY PRESS

·南京·

内容提要

本书是江苏省"十四五"时期重点出版物出版专项规划项目之一,收集并整理了纳米光电子学领域的最新进展,特别是基于纳米结构或纳米材料的有源/无源器件、纳集成系统的研究及其在各领域中的应用。内容涵盖了纳米尺度下光与物质相互作用、新制造工艺、纳光电子学、纳系统学等领域的多种光电子器件。

本书可供光学及物理专业的本科生、研究生及相关研究人员阅读参考。

图书在版编目(CIP)数据

纳米集成光学器件及纳系统技术 / 张彤著. —南京:
东南大学出版社,2024.1
ISBN 978-7-5766-1094-9

I.①纳… II.①张… III.①纳米技术-应用-光电
器件-集成电路-系统设计 IV.①TN150.2

中国国家版本馆 CIP 数据核字(2023)第 247749 号

责任编辑:张 煦 责任校对:韩小亮 封面设计:毕 真 责任印制:周荣虎

纳米集成光学器件及纳系统技术
Nami Jicheng Guangxue Qijian Ji Naxitong Jishu

著   者:张 彤
出版发行:东南大学出版社
社   址:南京市四牌楼 2 号 邮编:210096
出 版 人:白云飞
网   址:http://www.seupress.com
经   销:全国各地新华书店
印   刷:南京迅驰彩色印刷有限公司
开   本:787 mm×1092 mm 1/16
印   张:12.5
字   数:205 千字
版   次:2024 年 1 月第 1 版
印   次:2024 年 1 月第 1 次印刷
书   号:ISBN 978-7-5766-1094-9
定   价:96.00 元

本社图书若有印装质量问题,请直接与营销部联系。电话(传真):025-83791830

《纳米集成光学器件及纳系统技术》

推 荐 序 一

　　随着通信技术的快速发展，需要处理的数据量持续增长，对各种处理元件、存储器和I/O等的性能与功耗比提出了更高的挑战。相比于传统的半导体电子器件，光子器件在响应速度、工作带宽、转换效率及能耗等方面都具有独特的优势。但是传统微米级的光子器件尺寸远大于纳米级的电子器件，难以实现光电系统的小型化与集成化。鉴于此，纳米尺度下的光器件的功能集成和光电集成混合已经成为了一个新兴且重要的研究热点。在可预见的未来，这些研究将成为众多高新产业革新的主要发力点，并将在信息通信、信号处理、显示照明、生物医药、传感及能源等诸多领域得到推广及应用。然而无论是国际还是国内，纳米集成光学领域已出版的学术专著都还很少，难以反映该领域最新的发展动态。

　　东南大学张彤教授团队多年来一直专注于纳米光学和集成光学领域，研究覆盖了从基础材料研究、单元器件开发，到集成芯片设计、集成系统构建，再到成果转化的全流程，在国内外相关研究领域产生了较强的学术影响力。近期，该团队通过汇总多年来的研究成果及研究感悟，形成了一本关于纳米集成光电子学领域基础与应用的专业著作《纳米集成光学器件及纳系统技术》。

　　本书内容涵盖了纳米尺度下光与物质相互作用、新制造工艺、纳光电子学、纳系统学等领域的系统知识，收集并整理了这些领域的最新进展，特别是基于纳米结构或纳米材料的有源/无源器件、纳集成系统的研究及应用，为即将开启的纳米光电子集成芯片时代提供了新思路、新技术、新方案。希望本书的出版将有助于为我国培养更多具有高专业素质的光电子芯片领域从业人员,打破外国在该领域的长期垄断地位,促进新型高性能、低功耗、高集成度的纳米光电子集成芯片在我国的落地与发展。

中国科学院院士

南京大学教授

2022 年 1 月

《纳米集成光学器件及纳系统技术》

推 荐 序 二

　　光学既是一门古老的科学，也是当今最活跃的学科之一。随着微纳加工和表征手段的进步，由纳米到百纳米尺度材料和纳米尺度加工技术构建的光学器件和系统逐步小型化、多功能化，并展现出许多新的优异特性。完善描述上述纳米光学器件的基本理论和技术，系统地建立纳米光子学学科体系，发展前沿光电子技术，对提升我国在经济领域的竞争实力和国防安全领域的技术纵深具有重要意义。我国在《国家中长期科学和技术发展规划纲要（2006—2020 年）》对纳米技术研究进行了部署，通过多种渠道支持纳米光器件和系统的研究，加快纳米科技科研机构和创新链的建设，以推动相关产业发展，提升国际竞争力。

　　纳米集成光学器件与纳系统技术，以纳米尺度的新兴材料为基础，利用纳米尺度下光与物质相互作用的新效应，实现集成化的光学功能器件和系统的技术。相比于传统光学器件，纳米光器件接近甚至突破光学衍射极限，可在亚波长的尺度实现光的操控和调控，推动纳米集成光路、高密度光存储和量子通信等新应用方向的发展。在此背景下，东南大学张彤团队在国家重点研发计划项目、国家自然科学基金等支持下，在表面等离激元、纳米光电器件和芯片集成、相关表征技术等方面做出了富有特色的研究成果。根据多年的研究经验，他们将纳米集成光学器件及纳系统技术的相关基础理论、器件技术和工艺，以及系统集成和应用等方面总结成书，对纳米光学这一前沿技术在中国的发展具有重要推动意义。

　　该书从基础的导波理论介绍开篇，很好地将基础光学与纳米光学新技术相衔接,通过与传统光器件对比,突出了纳米光波导、纳米谐振结构和调制器件等的技术特点,进而明晰了发展纳米光电器件技术的重要意义。随后,系统地介绍了各种前沿的纳米光器件、系统的类型和应用。例如,系统介绍了基于等离激元金属纳米结构实现亚波长光波导、光调制与探测等功能器件;系统讲述了基于纳米光学微腔的表面等离激元-激子强耦合理论,介绍了其在纳米光学调控、量子信息器件构建方面的典型应用。

纳米光子材料、结构、器件、系统的发展有望为下一代变革性技术提供新的关键技术,希望本书的出版能够为有志于纳米集成光学研究的研究人员和学生带来帮助和参考。

中国工程院院士
清华大学教授
2022 年 1 月

前　言

　　集成光学是指采用半导体制造工艺，将光学无源器件（如谐振腔、分光器、滤波器等）和光电子有源器件（如激光器、光调制器、光放大器、探测器等）通过光波导连接，形成紧凑且稳定的光电集成链路以实现特定功能的学科。集成光学的概念由贝尔实验室的 Miller 博士于 1969 年首次提出，最初的集成光学仅指将以平面介质光波导为基础的光路和光纤进行功能集成。1972 年，Somekh 和 Yariv 进一步提出了在同一个半导体衬底上同时集成光器件和电子器件的构想。集成光学建立在光电子学、半导体技术和微加工工艺等多学科的基础上，是光电子学的一个重要分支。

　　通过采用提高波导芯包层折射率差的方法可提升光波导对光场的束缚能力，在一定程度上将光波的物理尺寸缩减至光学衍射极限量级（$\sim\lambda/2$）。20 世纪中期以来，表面等离激元及超材料等概念相继被提出。通过表面等离激元效应，可以突破光学衍射极限，使得光能够被压缩到深度亚波长的纳米波导结构进行传播。此外，导电纳米结构中的局域表面等离激元效应可以实现深度亚波长尺度的光局域和强光散射，使得纳米尺度的光与物质相互作用得到进一步增强。

　　随着光学器件集成度的提高，集成光学逐步向小型化与功能化方向发展，并产生诸多新分支，纳米集成光学就是其中具有代表性的前沿新方向之一。纳米集成光学器件通常工作在突破衍射极限的空间尺寸内，有望实现更多功能、更低能耗、更轻便的光电设备和系统。纳米集成光学涵盖的理论基础是光学和光电子学，涉及波动光学与信息光学、非线性光学、半导体光电子学、晶体光学、薄膜光学、导波光学、耦合模与参量作用理论、薄膜光波导器件和体系等多方面的现代光学内容，其工艺基础则主要是薄膜技术和微电子工艺技术，本书将重点从以下几方面进行介绍：

第一章　导波光学基础，以光的电磁波理论为基础，介绍了光波在光学波导中的传播、散射、偏振、衍射等现象，为深入理解后续章节中纳米集成光学器件和系统提供了理论基础。本章首先介绍了导波模式理论和模式耦合理论。这两部分内容在纳米尺度下的集成光学系统中依然发挥着举足轻重的作用，也是许多新型纳米光学器件设计的理论基础。其次，本章还简要介绍了光学衍射极限的相关内容，为后续纳米尺度器件的讨论奠定基础。

第二章　纳米光波导及器件应用，首先介绍了光波导中的衍射极限效应。光纤、平面光波导等传统的集成光学器件由于受到衍射极限的限制，器件尺寸及模式光斑一般只能达到微米量级。为了实现集成光学器件的进一步小型化，各种基于新结构、新原理的光波导不断被提出，从物理尺寸及光场限制能力等方面不断缩小光波导的尺寸，降低光损耗，提升光波导的长距离传输能力。最后，介绍了不同种类的纳米光波导的特性及器件在集成光学系统中的应用。

第三章　纳米结构中的谐振效应，主要介绍了纳米结构的谐振性质。在特定的纳米结构中存在谐振效应，可在纳米尺度上增强光与物质的相互作用，是纳米光学的研究重点之一。本章首先引入纳米结构中谐振效应的概念，介绍纳米结构的散射、吸收和消光等基本性质，随后再对表面等离激元谐振、磁谐振进行介绍，阐述不同谐振模式的产生原理和典型结构。

第四章　超材料，主要介绍了人工超材料器件。光学材料的介电常数和磁导率共同决定了电磁波在其中的传播特性，然而自然界已有的光学材料的介电常数的变化范围十分有限。随着光子学不断发展，已有的光学材料已经无法满足人们的要求。超材料的出现使得人们可以更加自由、灵活地操控电磁波。本章以光学超材料结构为例，介绍了如何通过适当的材料选择和结构设计，实现对电磁波振幅、相位、偏振、频率等特性的有效调控。同时还结合实例，展示了光学超材料的特性及其可以实现传统材料无法实现的负折射率、超透镜等功能的基本原理与应用。

第五章　表面等离激元增强的光与物质相互作用，主要介绍了表面等离激元增强光与物质相互作用的物理过程及典型应用。表面等离激元是导体表面自由电子的集体振荡，它可将光场束缚在纳米结构表面，并实现突破光学衍射极限的光操控，显著增强光与物质相互作用。其带来的独特光学性质与共振增强特性引发了一系列光、电、热等新效应，应用于荧光增强与拉曼散射、光热转换、非线性光学等领域。本章介绍了微纳尺度下等离激元纳米结构光激发后产生的典型效应,包括近场局域增强以及光吸收后的热电子效应、光热效应等。并针对具体的效应,介绍了微纳结构的结构参数对光子俘获和热载流子行为的人为剪裁和调控关系,为构造更高性能的表面等离激元器件,进一步拓展表面等离激元的应用领域提供有益的参考。

第六章　纳米集成光学器件工艺方法,主要介绍了纳米集成光学器件的典型制备工艺方法。集成光学器件通常基于由各类材料构成的功能层,而且功能层薄膜的质量很大程度上决定了最终器件的性能优劣。本章首先介绍了几种典型的薄膜制备方法,包括真空蒸发沉积、溅射沉积、化学气相沉积、薄膜外延生长等。之后,对典型的微纳图形加工技术进行了介绍,包括电子束光刻技术、聚焦离子束刻蚀技术、飞秒激光加工技术和超衍射光学光刻技术。其中前两种是如今制备纳米集成光学器件的主流方案,可以满足多数器件的制备;后两种技术为新兴技术,各具优势。最后,本章对自下而上技术进行了分门别类的介绍,涵盖了自组装、介电电泳、微操作等技术。

第七章　纳系统,本章引入纳系统的概念,介绍纳系统在不同领域的应用。在纳米尺度下光学器件的功能集成及光学、电学集成器件的混合光电集成构成的系统展现出微米级系统所不具备的新功能。国际上总结纳系统的相关概念及研究进展的科技书籍很少,难以反映当前该领域发展的最新动态和趋势,因此本章是本书编写的一个特色章节。本章重点介绍了纳系统在光电混合芯片、等离激元光波导芯片在光传感与光通信等方面的应用。

第八章　等离激元纳米结构在光电子领域的进展及应用,介绍了等离激元纳米结构在光学显示、光伏电池、光电探测等领域的应用和发展脉络。等离激元纳米结构通过选择性吸收特定波长的光,从而改变光的透射、偏振或相位来实现器件功能,而具有突破衍射极限的表面等离激元纳米结构,由于其具有显著的光局域与光散射增强特性,可将光局域在深度亚波长范围传输、谐振和散射,进一步实现了对器件性能的增效。本章第一节介绍了各种等离激元纳米结构在显示技术中的应用,包括纳米光栅、圆盘阵列、纳米孔及其混合阵列;第二节阐述了等离激元热电子转移机制增强在光伏电池方面的应用;第三节分析了等离激元纳米结构在二维材料光电探测领域中的应用;第四节对等离激元纳米结构在其他光电子领域的应用进行了简要介绍,如彩色印刷、传感和光学数据存储等。

本书收集并整理了纳米光电子学领域的最新进展,特别是基于纳米结构或纳米材料的有源/无源器件、纳集成系统的研究及其在各领域中的应用。内容涵盖了纳米尺度下光与物质相互作用、新制造工艺、纳光电子学、纳系统学等领域的多种光电子器件。该书为即将开启纳米光电子领域科研道路的研究者们提供新思路、新参考,有助于为我国培养更多具有高专业素质的光电子芯片领域从业人员,从而打破外国在光电子芯片领域的长期垄断地位,促进新型高性能、低功耗、高集成度的光电子芯片在我国的落地与发展。

张 彤

2023 年 10 月

目　录

第一章

导波光学基础

在介绍纳米集成光学器件之前,首先回顾导波光学的相关理论基础。导波光学以光的电磁理论为基础,研究光在光学波导中的传播、散射等效应。本章首先介绍光的反射、折射、全反射以及波动方程等基础理论,这些理论反映了光在自由空间中的传导规律。接下来介绍平面光波导中的导波模式理论和模式耦合理论。最后介绍光学衍射极限,对衍射极限的认识和突破,构成了纳米光学的理论基础。

1.1　电磁波的传导

1.1.1　光的反射、折射

1. 反射定律与折射定律

光在介质界面会发生反射和折射,如图 1.1.1 所示,$\boldsymbol{k}_i$、$\boldsymbol{k}_r$ 和 $\boldsymbol{k}_t$ 分别表示入射光、反射光和折射光的波矢,$\boldsymbol{n}$ 为介质 2 指向介质 1 的法线单位矢量,则其电场可分别表示为

$$\boldsymbol{E}_j = \boldsymbol{E}_{j0}\,\mathrm{e}^{\left[\mathrm{i}(k_j\cdot\boldsymbol{r}-\omega t)\right]}, \quad j=i,\,t,\,r \tag{1.1.1}$$

图 1.1.1　平面光波在界面的反射和折射

由电磁场边界条件可知,界面两侧的电场在切线方向相等($E_{1t}=E_{2t}$),即

$$\boldsymbol{n}\times(\boldsymbol{E}_i+\boldsymbol{E}_r)=\boldsymbol{n}\times\boldsymbol{E}_t \tag{1.1.2}$$

代入式(1.1.1)可得

$$(\boldsymbol{k}_i-\boldsymbol{k}_r)\cdot\boldsymbol{r}=0 \tag{1.1.3a}$$

$$(\boldsymbol{k}_i-\boldsymbol{k}_t)\cdot\boldsymbol{r}=0 \tag{1.1.3b}$$

由于 $\boldsymbol{r}$ 为界面上的任一矢量,故 $(\boldsymbol{k}_i-\boldsymbol{k}_r)$ 和 $(\boldsymbol{k}_i-\boldsymbol{k}_t)$ 与界面垂直,即与法向量 $\boldsymbol{n}$ 平行。结合向量间的几何关系以及公式 $k=n\cdot2\pi/\lambda$ 可以得出

$$\sin\theta_i=\sin\theta_r \tag{1.1.4a}$$

$$n_1 \sin \theta_i = n_2 \sin \theta_t \qquad (1.1.4\mathrm{b})$$

式(1.1.4)即界面上的反射定律和折射定律(即 Snell 定律),这两个公式给出了光在入射材料界面时,入射光、反射光和折射光传播方向之间的关系。

2. 光的全反射

光的全反射现象发生在光波从光密介质入射到光疏介质的界面上,此时 $n_1 > n_2$。存在一临界入射角 θ_c,满足 $\sin \theta_c = n_2/n_1$,当入射角大于这一临界入射角时,折射角的正弦值 $\sin \theta_t = n_1 \sin \theta_i / n_2 > 1$,入射光发生全反射现象。此时折射角的余弦值为

$$\cos \theta_t = \sqrt{1 - \sin^2 \theta_t} = \mathrm{i} \sqrt{\left(\frac{n_1}{n_2}\right)^2 \sin^2 \theta_i - 1} \qquad (1.1.5)$$

此时,折射光的电场分布可以表示为

$$\boldsymbol{E}_t = \boldsymbol{E}_{t0} \mathrm{e}^{[\mathrm{i}(\boldsymbol{k}_t \cdot \boldsymbol{r} - \omega t)]} = \boldsymbol{E}_{t0} \mathrm{e}^{\mathrm{i}(\beta z - \omega t)} \mathrm{e}^{\mathrm{i} k_l l} \qquad (1.1.6)$$

式中,k_l 和 β 表示垂直界面传播和沿界面传播的光的波矢,满足

$$\beta = n_2 k_0 \sin \theta_t > n_2 k_0 \qquad (1.1.7\mathrm{a})$$

$$k_l^2 = |n_2 k_0 \cos \theta_t|^2 = n_2^2 k_0^2 - \beta^2 < 0 \qquad (1.1.7\mathrm{b})$$

式中,k_0 为真空中波矢。这意味着在发生全反射时,透射光并不是不存在,而是以沿垂直界面方向指数衰减、沿界面方向传播的光波形式存在,被称为倏逝波。这是光波导中一种重要的物理现象,对于理解波导的传输特性和耦合特性也具有重要的影响。

1.1.2　波动方程

光是一种电磁波,宏观上,电磁波在介质中的运动规律遵循麦克斯韦方程组:

$$\nabla \cdot \boldsymbol{D} = \rho \qquad (1.1.8\mathrm{a})$$

$$\nabla \cdot \boldsymbol{B} = 0 \qquad (1.1.8\mathrm{b})$$

$$\nabla \times \boldsymbol{E} = -\frac{\partial \boldsymbol{B}}{\partial t} \qquad (1.1.8\mathrm{c})$$

$$\nabla \times \boldsymbol{H} = \boldsymbol{J} + \frac{\partial \boldsymbol{D}}{\partial t} \tag{1.1.8d}$$

式中，$\boldsymbol{D}$ 为电位移矢量，$\boldsymbol{B}$ 为磁感应强度，$\boldsymbol{E}$ 为电场强度，$\boldsymbol{H}$ 为磁场强度，$\boldsymbol{J}$ 为外电流密度，ρ 为自由电荷密度。上述参数之间满足下列物质方程：

$$\boldsymbol{D} = \varepsilon \boldsymbol{E} = \varepsilon_0 \varepsilon_r \boldsymbol{E} \tag{1.1.9a}$$

$$\boldsymbol{B} = \mu \boldsymbol{H} = \mu_0 \mu_r \boldsymbol{H} \tag{1.1.9b}$$

$$\boldsymbol{J} = \sigma \boldsymbol{E} \tag{1.1.9c}$$

式中，ε、μ 和 σ 分别为介质的介电常数、磁导率和电导率，ε_0 和 μ_0 分别为介质的真空介电常数和真空磁导率，ε_r 和 μ_r 为介质的相对介电常数和相对磁导率。其中，相对介电常数 ε_r 满足 $\varepsilon_r = n^2$，n 为介质的折射率；对于通常的非磁性电介质波导材料，$\mu_r = 1$。

对于在波导中传输的光场，因其远离光源，通常不存在自由电荷和外加电流，故不考虑自由电荷密度和外电流密度（即 $\rho = 0$，$\boldsymbol{J} = 0$）。将物质方程代入式(1.1.8c)和(1.1.8d)，进一步求解波动方程得到：

$$\nabla \times \nabla \times \boldsymbol{E} = -\mu_0 \varepsilon \frac{\partial^2 \boldsymbol{E}}{\partial t^2} \tag{1.1.10}$$

由于 $\nabla \times \nabla \times \boldsymbol{E} = \nabla(\nabla \cdot \boldsymbol{E}) - \nabla^2 \boldsymbol{E}$，且 $\nabla \cdot (\varepsilon \boldsymbol{E}) = \boldsymbol{E} \cdot \nabla \varepsilon + \varepsilon \nabla \cdot \boldsymbol{E}$，式(1.1.10)可写为：

$$\nabla \left(\boldsymbol{E} \cdot \frac{\nabla \varepsilon}{\varepsilon} \right) + \nabla^2 \boldsymbol{E} = \mu_0 \varepsilon \frac{\partial^2 \boldsymbol{E}}{\partial t^2} \tag{1.1.11}$$

在介电常数 ε 随空间缓慢变化的情况下（即 $|\nabla \varepsilon / \varepsilon| \ll 1$），式(1.1.11)化简为：

$$\nabla^2 \boldsymbol{E} - \mu_0 \varepsilon \frac{\partial^2 \boldsymbol{E}}{\partial t^2} = 0 \tag{1.1.12}$$

式(1.1.12)称为波动方程，其解包括各种形式的电磁波，且与介电常数 ε 的空间分布相关。当传导电磁波为以一定角频率 ω 做正弦振荡的时谐电磁波时，电场强度可以表示为

$$E(r, t) = E(r)e^{[i(k \cdot r - \omega t)]} \tag{1.1.13}$$

式中，k 为光的波矢。此时，波动方程可写为：

$$\nabla^2 E + k^2 E = 0 \tag{1.1.14}$$

式(1.1.14)被称为亥姆霍兹(Helmholtz)方程，是一定频率下电磁波的基本方程。亥姆霍兹方程中每一个满足 $\nabla \cdot E = 0$(由时谐电磁波导出)的解 $E(r)$ 代表电磁波场强在空间中的分布情况，即为一种可能存在的电磁波模式。

对于平面电磁波，将模型简化为一维传输情况，即电磁波沿 z 轴方向传播，其场强与 z 轴正交的平面上各点值相同，其解可描述为：

$$E(r, t) = E(r)e^{[i(\beta z - \omega t)]} \tag{1.1.15}$$

式中，$\beta = \beta' + i\alpha$ 为沿 z 方向的复数传播常数，其实部、虚部与其对应的光模式有效折射率 $N_{eff} = N_r + iN_i$ 相关，关系描述为：

$$\beta' = k_0 N_r = (2\pi/\lambda)N_r \tag{1.1.16}$$

$$L_p = \frac{1}{2\alpha} = \frac{\lambda}{4\pi N_i} \tag{1.1.17}$$

式中，L_p 定义为模式传播长度，N_r 为模式有效折射率实部，与波导折射率分布相关，N_i 为模式有效折射率虚部，与光波导各部分材料吸收损耗相关，这些物理量综合反映了光波导的模式特性。

对于结构复杂的光波导、表面等离激元波导，为了研究结构中光场的分布和模式特性，求解时需考虑到介质材料和金属材料的介电系数及空间分布。尤其是对于纳米尺度的结构更为复杂的波导，一般需要借助二维数值算法求解其本征模式。对于纳米波导，在将光束缚在纳米尺度传输的同时，往往伴随着较高的传输损耗，因此更关注如何通过波导结构优化设计，尽可能减小波导对光的吸收(即减小 N_i)。

1.1.3 导波模式理论

光波导是构成集成光学器件的基本元件，常见的具有规则几何结构的光波导可以分为圆柱形结构波导(如光纤)、矩形(或带状)光波导及平面光波导。一般其光导层折射率 n 高于周围介质的折射率。用平面光波导与矩形光波导可以构成各种光子器件及平面光波导链路,在光通信技术中具有十分重要的地位。本节主要以平面光波导为例,简要介绍一下波导结构中的导波模式。

平面光波导一般由 3 层材料构成,如图 1.1.2 所示,中间层是折射率为 n_1 的波导薄膜,光波就在薄膜波导层及其附近传播。其下面是折射率为 n_2 的衬底,上面是折射率为 n_3 的包层,包层有时为空气 ($n_3 = 1$)。 为了使光波只在波导薄膜中传播,要求 $n_1 > n_2 >$

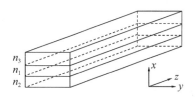

图 1.1.2 平面光波导结构示意图

n_3。 若 $n_2 = n_3$,则称为对称平面光波导;若 $n_2 \neq n_3$,就称为非对称平面光波导。同时,这里的 n_1 在 x 方向是均匀的,因此是一种均匀平面光波导;若 n_1 在 x 方向是渐变的,则是非均匀平面光波导。由于篇幅的限制,下面仅讨论均匀平面光波导。在平面光波导中,横向 (y 向) 尺寸 (1~2 cm) 要比光波长大得多,因此可认为这个方向是无限宽的,光波在这个方向的传播不受限制。

首先我们讨论平面光波导中的模式。根据光线传输的观点,平面光波导中的波是由均匀平面波在薄膜的上下界面间来回反射形成的。根据入射角的不同,可产生导模与辐射模。设在薄膜-衬底分界面上的全反射临界角为 θ_s (按 Snell 定律,$\sin \theta_s = n_2/n_1$),而薄膜-包层分界面上的全反射临界角为 θ_c ($\sin \theta_c = n_3/n_1$)。 一般情况下,由于 $n_2 \geqslant n_3$,故 $\theta_c \leqslant \theta_s$。 当入射角 θ_1 逐渐增大时,存在三种情况,如图 1.1.3 所示。

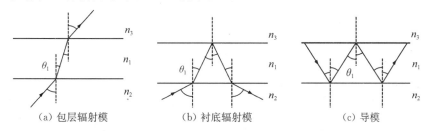

|(a) 包层辐射模|(b) 衬底辐射模|(c) 导模|

图 1.1.3 平面光波导中的光线路径

在图 1.1.3(a)中,θ_1 较小,$\theta_1 < \theta_c < \theta_s$,从衬底一侧入射的光将按 Snell 定律进行折射,并穿过薄膜-包层分界面进入包层逸出波导。此时,光基本上不受限制,对应的电磁模式称为包层辐射模或简称包层模。

在图 1.1.3(b)中,θ_1 增大,使 $\theta_c < \theta_1 < \theta_s$,自衬底入射的光进入薄膜后在薄膜-包层分界面上产生全反射,然后折射穿过薄膜-衬底分界面进入衬底后逸

出波导。这时,光仍未受到限制,这种传播模式称为衬底辐射模或简称衬底模。

无论是包层模还是衬底模,均向外辐射能量,对于光信号传输应用而言,一般是不希望存在的。

在图 1.1.3(c)中,θ_1 足够大,并有 $\theta_c < \theta_s < \theta_1$,光线一旦进入薄膜后将在上下界面间产生全反射。光被限定于薄膜内沿"Z"字形路径传播,这种情况对应于传播的波导模式(导模)。必须指出,根据波动理论,导模在 x 方向形成驻波,而在包层和衬底中则是形成振幅沿 x 方向的指数衰减场。而且,导模的 θ_1 值只能取有限个分立的值,即导模是离散谱;而包层模及衬底模的 θ_1 值可取无限多个连续值,因此辐射模属连续谱。

这里我们围绕平面波导中的导模展开进一步讨论。平面光波导中的导模按电磁场的分布不同,有横电波(TE 波)和横磁波(TM 波)两类。TE 波的电场强度矢量只有 E_y 分量,且在波导模截面上(即 y 方向),而在传播方向(z 方向)只有磁场强度分量 H_z;TM 波的磁场强度矢量只有 H_y 分量,在传播方向只有电场强度分量 E_z。对于 TE 波和 TM 波的分析是相同的,因此下面的分析仅以 TE 波为例,其场分量为 E_y、H_z 和 H_x。

前面的分析表明,只要光线的入射角大于临界角,它们就能在薄膜内传播。但如果考虑到与光线相联系的平面波传播时在界面上的相位变化,则只有一些以特定离散角度入射的波才能在波导内传播。

图 1.1.4 是平面波在波导内上下界面全反射传播的几何描述。考察用实线表示的 Ⅰ 和 Ⅱ 两条光线,它们属于同一平面波,垂直于实线的虚线则是它们的等相位面。

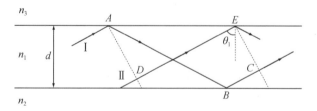

图 1.1.4　光在波导中传播的示意图

电磁波在波导中能够传播的必要条件是,在同一等相位面上所有各点必须是同相位的,即光线 Ⅰ 上的 A 点与光线 Ⅱ 上的 D 点及光线 Ⅱ 上的 E 点与光线 Ⅰ 上的 C 点都处于同一等相面上,它们分别有相同的相位。因此,光线 Ⅰ 从 A

点传播到 C 点的相位变化,与光线 Ⅱ 从 D 点传播到 E 点的相位变化之差,应是 2π 的整数倍。

光线 Ⅰ 从 $A\to C$ 经历的相位变化为

$$\phi_1 = (\overline{AB} + \overline{BC})k_0 n_1 - 2\varphi_2 - 2\varphi_3 \tag{1.1.18}$$

式中,第一项为折线 ABC 长度上波的相位变化,$k_0 = 2\pi/\lambda_0$,λ_0 为自由空间波长。φ_2、φ_3 分别为下、上界面处全反射引起的相位突变,对于 TE 波,它们分别为

$$\varphi_2 = \arctan \frac{\sqrt{\sin^2\theta_1 - (n_2/n_1)^2}}{\cos\theta_1} \tag{1.1.19}$$

$$\varphi_3 = \arctan \frac{\sqrt{\sin^2\theta_1 - (n_3/n_1)^2}}{\cos\theta_1} \tag{1.1.20}$$

光线 Ⅱ 从 $D\to E$ 未经反射,经历的相位变化为

$$\phi_2 = \overline{DE}k_0 n_1 \tag{1.1.21}$$

于是,波的传播条件可以表示为

$$\Delta\phi = \phi_1 - \phi_2 = k_0 n_1(\overline{AB} + \overline{BC} - \overline{DE}) - 2\varphi_2 - 2\varphi_3 = 2m\pi \tag{1.1.22}$$

式中,$m = 0, 1, 2, 3, \cdots$ 从图 1.1.4 的几何关系可得

$$\overline{AB} + \overline{BC} - \overline{DE} = 2d\cos\theta_1 \tag{1.1.23}$$

则式(1.1.22)简化为

$$k_0 n_1 d\cos\theta_1 - \varphi_2 - \varphi_3 = m\pi \tag{1.1.24}$$

式(1.1.24)即为平面光波导的特征方程,它决定于波导参数 (n_1, n_2, n_3, d)、自由空间工作波长 λ_0 及入射角 θ_1。对于给定的 m 值,可求出相应的 θ_1 值,代表一个特定的导波模式。

下面讨论导模场的横向分布规律。在式(1.1.24)中,$\kappa = k_0 n_1 \cos\theta_1$ 是波导中波矢量 $k_0 n_1$ 在 x 方向的分量,是波导中的横向相位常数,式(1.1.24)可表示为

$$\kappa d = m\pi + \varphi_2 + \varphi_3 \tag{1.1.25}$$

当 $m=0$ 时为基模(TE$_0$ 或 TM$_0$ 模),由式(1.1.25)得 $\kappa d = \varphi_2 + \varphi_3$。由于 φ_2 和 φ_3 均在 $0\sim90°$ 之间变化,故 $0 < \varphi_2 + \varphi_3 < \pi$。这就是说,场沿 x 方向的变化不足半个驻波(参见图 1.1.5)。当 $m=1$ 时,对应 TE$_1$ 或 TM$_1$ 模,并有 $\kappa d = \pi + \varphi_2 + \varphi_3$,即 κd 在 $\pi \sim 2\pi$ 间变化,场沿 x 方向的变化不足两个"半驻波"。其他以此类推。

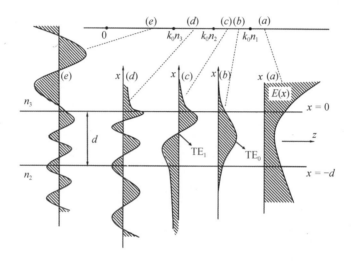

图 1.1.5　平面光波导中不同传播常数 β 值下的场分布特性

类似地,波矢量 $k_0 n_1$ 的轴向分量即为导模的轴向相位常数(或传播常数) β,$\beta = k_0 n_1 \sin\theta_1$。对于导模,$\theta_1$ 在 $90°\sim\theta_s$ 之间,因此导模的传播常数应满足下面条件:

$$k_0 n_2 < \beta < k_0 n_1 \tag{1.1.26}$$

模次越高,θ_1 愈小,故 β 也愈小,显然基模的 β 值最大。图 1.1.5 展示了不同 β 取值时场的变化特性:

(1) 对于 $\beta > k_0 n_1$,场随 $|x|$ 无限增大,这种状态在物理上是不存在的;

(2) 对于 $k_0 n_2 < \beta < k_0 n_1$,对应导模;

(3) 对于 $k_0 n_3 < \beta < k_0 n_2$,对应衬底辐射模;

(4) 对于 $0 < \beta < k_0 n_3$,对应包层和衬底辐射模。

当入射角 θ_1 小于波导界面的临界角时,全反射条件被破坏,能量将向外辐射,此时认为导模截止,不能传输了。在图 1.1.3 结构的波导中,其截止条件为

$\theta_1 = \theta_s$。

$$\cos\theta_1 = \cos\theta_s = \sqrt{1 - \left(\frac{n_2}{n_1}\right)^2} \qquad (1.1.27)$$

在特征方程式(1.1.24)中,特定的 m 值对应于特定的模式。当工作波长 λ_0 变化时,必须调节入射角 θ_1,才能满足特征方程,形成导模。λ_0 增加时,θ_1 减小,在某个波长上,使 $\theta_1 = \theta_s$,导模就变成衬底辐射模,导模截止。使 $\theta_1 = \theta_s$ 的波长就称为该导模的截止波长 λ_c,只有当 $\lambda_0 < \lambda_c$ 时,该导模才能在波导中传输。

在截止时,$\varphi_2 = 0$,而 φ_3 可表示为

$$\varphi_3 = \arctan\frac{\sqrt{\sin^2\theta_s - \sin^2\theta_c}}{\cos\theta_s} = \arctan\sqrt{\frac{n_2^2 - n_3^2}{n_1^2 - n_2^2}} \qquad (1.1.28)$$

这时的特征方程为

$$d\frac{2\pi}{\lambda_c}n_1\cos\theta_s = m\pi + \varphi_3 \qquad (1.1.29)$$

因此截止波长为

$$\lambda_c = \frac{2\pi d\sqrt{n_1^2 - n_2^2}}{m\pi + \varphi_3} \qquad (1.1.30)$$

可见,截止波长完全由波导参数 n_1,n_2,n_3 及 d 决定。不同模式有不同的截止波长,模次越高,λ_c 愈短。TE_0 模(以及 TM_0 模)的 λ_c 最长,且当 m 相同时,TE 模的 λ_c 长于 TM 模。因此,TE_0 模是截止波长最长的模式。但若 n_1 和 n_3 差别不大的话,TE_0 和 TM_0 的截止波长是非常接近的。由于 TE_0 模的截止波长最长,因此,它是平面光波导的基模。当工作波长小于 TE_0 模的截止波长,但高于其他高阶模式的截止波长时,其他高阶模均截止,实现了单模传输。当 $n_2 = n_3$ 时,即为对称平面光波导,截止时 $\varphi_2 = \varphi_3 = 0$,因此这时的截止波长就简化为

$$\lambda_c = \frac{2d\sqrt{n_1^2 - n_2^2}}{m} \qquad (1.1.31)$$

当 $m = 0$ 时,$\lambda_c \to \infty$,即基模没有截止现象。

1.2　模式耦合理论

模式耦合理论描述的是在光波导中不同模式间能量的转换原理。对于理想情况下具有规则几何结构的无损波导,所有的导模之间、辐射模和导模之间相互正交,各个模式独立传播,不会发生能量交换。但在实际情况下,由于波导几何形状的畸变与缺损、介质材料折射率的不均匀、波导结构的变化等因素,理想波导的完整性被破坏,不同模式之间会发生能量的耦合。一方面,这种能量耦合可能会在波导中引入不必要的光功率衰减和光信号的畸变;另一方面,模式耦合可以实现对波导中光传输的变换与控制。在集成光学、集成光电子学中,大部分器件都是在不同模式之间通过若干次耦合来实现对光信号的传播与处理,结合对波导结构不同的设计,可以构建光纤连接器、光模式转换器、光纤光栅以及其他各类光纤或波导耦合器。

1.2.1　导模耦合

在经典的模式耦合理论中,假设波导中的模式相互正交,导模振幅随时间的变化用 $\exp(\mathrm{i}\omega t)$ 来描述。对两根平行的条形波导,当它们之间距离无限远时,波导中模式的振幅随传播距离 z 的变化可以用下面的等式来描述:

$$\frac{\mathrm{d}a_1}{\mathrm{d}z} = -\mathrm{i}\beta_1 a_1 \tag{1.2.1a}$$

$$\frac{\mathrm{d}a_2}{\mathrm{d}z} = -\mathrm{i}\beta_2 a_2 \tag{1.2.1b}$$

式中,a_1 和 a_2 表示波导中模式的振幅,β_1 和 β_2 表示模式的传播常数。当两根波导间距离减小到一定范围时,波导的倏逝场之间相互作用,使得波导中的模式发生耦合,导模的振幅在随传播距离变化的同时还会受到另一根波导中模式的影响。若波导间的耦合较弱,振幅随传播距离的变化可以表示为:

$$\frac{\mathrm{d}a_1}{\mathrm{d}z} = -\mathrm{i}(\beta_1 + K_{11})a_1 - \mathrm{i}K_{12}a_2 \tag{1.2.2a}$$

$$\frac{\mathrm{d}a_2}{\mathrm{d}z} = -\mathrm{i}(\beta_2 + K_{22})a_2 - \mathrm{i}K_{21}a_1 \qquad (1.2.2\mathrm{b})$$

式中，K_{11} 和 K_{22} 表示导模的自耦系数，描述发生耦合后模式传播常数的变化情况；K_{12} 和 K_{21} 表示导模之间的耦合系数，描述其中一个模式对另一个模式传播模场影响的大小。当两根波导均为无损波导时，若两个模式传播方向一致，则 $K_{12} = K_{21}$；若两个模式传播方向相反，则 $K_{12} = -K_{21}$。

1. 同向耦合

在弱耦合的条件下，我们可以利用微扰的观点来简化分析的过程。首先，空间中的电场分布可以近似地表示为两个波导中无扰动时电场分布的线性叠加，即

$$\boldsymbol{E} = A(z)\boldsymbol{E}_1(x, y)\mathrm{e}^{-\mathrm{i}(\omega t - \beta_1 z)} + B(z)\boldsymbol{E}_2(x, y)\mathrm{e}^{-\mathrm{i}(\omega t - \beta_2 z)} \qquad (1.2.3)$$

设 $n(x, y)$ 为两个平行的无损波导截面的折射率分布，可以将其分为三个部分，即

$$n^2(x, y) = n_s^2(x, y) + \Delta n_1^2(x, y) + \Delta n_2^2(x, y) \qquad (1.2.4)$$

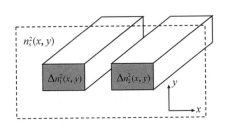

图 1.2.1　波导界面折射率分布

式中，$n_s^2(x, y)$ 表示环境的折射率分布情况，$\Delta n_i^2(x, y)(i=1, 2)$ 表示波导 i 的存在对环境折射率造成的微扰，此时单根波导中的电场分布满足下列等式

$$\left\{\frac{\partial^2}{\partial x^2} + \frac{\partial^2}{\partial y^2} + \frac{\omega^2}{c^2}[n_s^2(x, y) + \Delta n_i^2(x, y)] - \beta_i^2\right\}\boldsymbol{E}_i(x, y) = 0,$$
$$i = 1, 2 \qquad (1.2.5)$$

将空间中的电场分布式(1.2.3)代入波动方程，利用式(1.2.5)并假设模式振幅随传播距离 z 变化缓慢，可以得到耦合方程：

$$\frac{\mathrm{d}A}{\mathrm{d}z} = -\mathrm{i}K_{12}B\exp[-\mathrm{i}(\beta_2-\beta_1)z] - \mathrm{i}K_{11}A \qquad (1.2.6\mathrm{a})$$

$$\frac{\mathrm{d}B}{\mathrm{d}z} = -\mathrm{i}K_{21}A\exp[-\mathrm{i}(\beta_1-\beta_2)z] - \mathrm{i}K_{22}B \qquad (1.2.6\mathrm{b})$$

其中,耦合系数和自耦系数分别为

$$K_{21,12} = \frac{\omega\varepsilon_0}{4}\int_{-\infty}^{\infty} \boldsymbol{E}_{2,1}^{*} \cdot \Delta n_{2,1}^2(x,y)\boldsymbol{E}_{1,2}\mathrm{d}x\,\mathrm{d}y \qquad (1.2.7)$$

$$K_{ii} = \frac{\omega\varepsilon_0}{4}\int_{-\infty}^{\infty} \boldsymbol{E}_{i}^{*} \cdot \Delta n_{i}^2(x,y)\boldsymbol{E}_{i}\mathrm{d}x\,\mathrm{d}y, \quad i=1,2 \qquad (1.2.8)$$

若将式(1.2.3)中的 β_i 修正为 $\beta_i + K_{ii}$,则式(1.2.6)变为

$$\frac{\mathrm{d}A}{\mathrm{d}z} = -\mathrm{i}K_{12}B\exp(-\mathrm{i}2\delta z) \qquad (1.2.9\mathrm{a})$$

$$\frac{\mathrm{d}B}{\mathrm{d}z} = -\mathrm{i}K_{21}A\exp(-\mathrm{i}2\delta z) \qquad (1.2.9\mathrm{b})$$

式中

$$2\delta = (\beta_2 + K_{22}) - (\beta_1 + K_{11}) \qquad (1.2.10)$$

式中,δ 为相位失配因子,只有当 $\delta \approx 0$ 时,模式耦合导致的能量转移才有可能发生,该条件即为相位匹配条件。在其他不同结构的模式耦合过程中,都有一个这样类似的条件。对于同向耦合的两根平行波导,在相位匹配条件下,假设在起始位置只有一根波导内存在单模场,结合能量守恒原则可以求解出振幅随传播距离变化的函数,且当传输距离为 $L = \pi/2K$($K = K_{12} = K_{21}$)时,能够实现波导中的能量从一根波导到另一根波导的转移。

2. 反向耦合

对于一个芯层折射率周期性变化的波导光栅,如图 1.2.2 所示,其折射率变化周期为 Λ,此时,对介电函数的微扰可以写作

$$\Delta\varepsilon(x,z) = \begin{cases} 0 & 0 < z < \Lambda/2 \\ \Delta\varepsilon(x) & \Lambda/2 \leqslant z < \Lambda \end{cases} \qquad (1.2.11)$$

其中

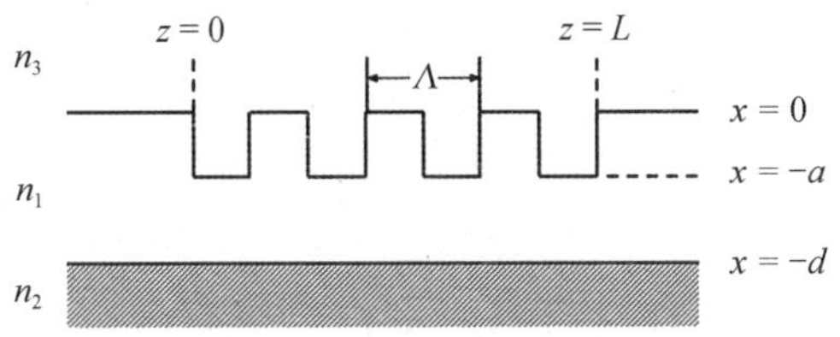

图 1.2.2　折射率周期性变化的波导光栅结构示意图

$$\Delta\varepsilon(x)=\begin{cases}\varepsilon_0(n_3^2-n_1^2) & -a\leqslant x\leqslant 0\\ 0 & 其他\end{cases} \tag{1.2.12}$$

这种周期性的折射率变化导致该段波导的等效折射率以 Λ 为周期波动,当光传播到折射率变化处时,部分能量发生反射,而这些反射光在一定条件下会发生干涉,干涉强度取决于反射光之间的相位关系。假设该波导中两个反向传播的导模具有相同的传播常数 β_s,若波导无损耗,此时模式的耦合方程为:

$$\frac{\mathrm{d}A}{\mathrm{d}z}=-\mathrm{i}KB\exp(-\mathrm{i}2\delta z) \tag{1.2.13a}$$

$$\frac{\mathrm{d}B}{\mathrm{d}z}=-\mathrm{i}K^*A\exp(-\mathrm{i}2\delta z) \tag{1.2.13b}$$

式中,$2\delta=\beta_s-(-\beta_s)-l\dfrac{2\pi}{\Lambda}$,$l=1,2,3,\cdots$。假设在 $z=0$ 处只有入射的单个模式,在 $z>0$ 时折射率发生微扰,即 $B(0)=B_0$,$A(0)=0$。结合能量守恒原则,当满足相位匹配条件 $(\delta\approx 0)$ 时,两个模式振幅的表达式为:

$$A(z)=\frac{\sinh[K(z-L)]}{\cosh KL}B_0 \tag{1.2.14a}$$

$$B(z)=\frac{\cosh[K(z-L)]}{\cosh KL}B_0 \tag{1.2.14b}$$

在式(1.2.14)中,$\sinh(x)$ 和 $\cosh(x)$ 的函数因子 $x(x=K(z-L))$ 足够大时,耦合区入射波的能量呈指数衰减,入射模式的能量被转移到反向传输的模式中,从而实现能量的反射,而这种反射和入射模式与波长有着紧密的联系。

利用这样的特性,这种反向耦合广泛应用于分布式反馈和布拉格反射的半导体激光器中。

需要说明的是,为了方便理解和计算,经典的模式耦合理论在公式推导和耦合模方程的解上都进行了一定的近似,其中一条是各导模之间相互正交。但是当模式之间发生强耦合时,基于非正交的模式耦合理论在一定条件下能够更加准确地描述模式能量变化的过程。这些内容在 Huang[5] 的综述里有相应的介绍,这里不再赘述。

1.2.2 辐射模与导模的耦合

辐射模与导模之间的耦合分为两个部分:一是导模向辐射模的耦合,通常是由于导模在传播过程中,波导的缺损或弯曲导致模式能量向自由空间泄露,形成空间辐射模,造成能量的损失;二是辐射模向导模的耦合,利用一定的结构将自由空间中的光场转化为波导中可传导的模式,实现光波导的激励和光信号的定向传递。为了实现辐射模向导模的耦合,通常可以采取以下几种耦合模式。

1. 横向耦合

横向耦合通常是直接将光束聚焦到波导外露的截面上,图 1.2.3 所示的即为最简单的一种方法,利用透镜直接将光能量汇聚到波导端面,通过入射光束和波导模式的匹配来实现能量的耦合。通常可

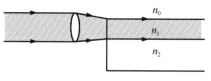

图 1.2.3　横向耦合

以利用入射光的光场和被激励的导模光场分布的重叠积分来计算直接耦合的耦合效率。

$$\eta = \frac{\left[\int A(x)B^*(x)\mathrm{d}x\right]^2}{\int A(x)A^*(x)\mathrm{d}x \int B(x)B^*(x)\mathrm{d}x} \tag{1.2.15}$$

式中,$A(x)$ 是入射光的振幅分布,$B(x)$ 为被激励导模的振幅分布。通常这种方法应用于激光和波导基模之间的耦合,这两者之间匹配较好,理论上耦合效率可高达 100%。然而,由于波导厚度只有微米量级,在没有光学平台的情况下光束的对准十分困难,从而限制了它实际的应用。但是因为这种方法操作

简单,因此这成为实验室常用的一种耦合手段。

2. 棱镜耦合

如图 1.2.4 所示为一个典型的棱镜耦合的结构,高折射率棱镜置于波导芯层上方,通常和芯层之间有一段波长量级的间隙 S,一般不大于波长的一半。空间中的辐射模以一定角度入射高折射率棱镜,当在棱镜-间隙界面的入射角 θ 大于全反射的临

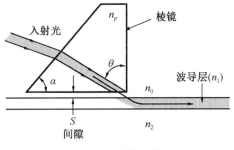

图 1.2.4　棱镜耦合

界角,棱镜中形成驻波模式,其倏逝场通过间隙对波导造成微扰。当入射光满足相位匹配条件,即

$$\frac{2\pi}{\lambda}n_p \sin\theta = \beta_m \tag{1.2.16}$$

棱镜中光场的能量会耦合到波导的导模中,发生棱镜耦合。式中 β_m 为波导中导模的传播常数。在这个过程中,为了保证导模在波导中的传播,需要满足导模传输条件 $\beta_m > \frac{2\pi}{\lambda}n_2$,而 $\sin\theta < 1$,这就要求结构中各组分的折射率需要满足 $n_p > n_1 > n_2 \geqslant n_0$。

为了描述棱镜与波导间的耦合情况,于是引入耦合系数 K。弱耦合模理论指出,若耦合系数满足 $KL = \frac{\pi}{2}$,则可以达到最佳耦合条件,模式之间可以发生完全的能量交换。式中 L 为耦合长度,在棱镜耦合的情况下将其定义为 $L = \frac{W}{\cos\theta}$,W 为入射光束的宽度,由此可以得出最佳耦合条件下的耦合系数为

$$K = \frac{\pi\cos\theta}{2W} \tag{1.2.17}$$

围绕棱镜耦合的相位匹配条件,可以观察到入射光以一定入射角入射,会激励起波导中特定模式的导模。这意味着通过改变入射光的角度,可以激励起波导中不同模式的导模。结合光路可逆的原理,在多模波导的末端放置一个类似的棱镜,可以将波导中的不同模式从波导中耦合出来,并且以不同的角度出射。利用

这一特性,可以通过记录不同模式出射的角度,来计算波导芯层的厚度和折射率,也就是棱镜耦合仪的测量原理。但是,棱镜耦合对棱镜材料的要求较高,要想将模式耦合进一些半导体波导,很难找到在特定波段透明且折射率更大的棱镜。此外,振动和周围的温度变化也会给棱镜耦合的效果带来不确定性。

3. 光栅耦合

光栅耦合是利用透射光栅的衍射原理来实现辐射模和导模之间的耦合。结合对棱镜耦合的分析,可以类似地得出,当波导上不存在光栅结构的时候,无

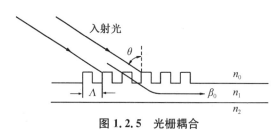

图 1.2.5 光栅耦合

法同时满足相位匹配条件和导模传输条件(否则 $\sin\theta > 1$),需要利用光栅衍射对导模的传播常数进行修正,从而实现相位匹配。现在波导芯层上做出光栅结构,变化周期为 Λ,结构图如

图 1.2.5 所示。当入射光以 θ 入射至光栅平面时,光栅对透射光的相位进行了调制,其在波导内的传播常数由 β_0 变为 $\beta_0 + \dfrac{2m\pi}{\Lambda}$ $(m = 0, \pm1, \pm2, \cdots)$,其中 $\dfrac{2\pi}{\Lambda}$ 为光栅矢量的值。若实现光栅耦合,则需要满足条件

$$\frac{2\pi}{\lambda}n_0\sin\theta = \beta_0 + \frac{2m\pi}{\Lambda}, \quad m = 0, \pm1, \pm2, \cdots \qquad (1.2.18)$$

相较于棱镜耦合方式,光栅耦合不受光波导材料折射率大小的限制,且耦合效率一般不受外界环境变化的影响,同时也可以通过调整入射光的角度来激励波导中的不同模式。在集成光路中,通过将光栅和波导进行集成可以构建高效的光耦合器件。但是,基于光栅耦合的耦合器件对角度的依赖性很大,且对发散角大的发散光束无法进行有效的耦合。此外,在波导上对光栅进行刻蚀加工也非常困难,需要非常复杂的掩模和刻蚀技术。

1.3 光学衍射极限

德国物理学家 E. Abbe 于 19 世纪 70 年代发现,由于光具有波动性,光线

经过任何光学系统都会发生衍射现象,因此光线不能聚焦得到无限小的焦点[6]。光学衍射极限就是指一个理想的光点经过光学系统成像,由于瑞利衍射的限制,不可能得到理想像点,而是得到一个夫琅禾费衍射像点,这个衍射点的大小 D 与光波波长 λ 成正比、与所用物镜的数值孔径(NA)成反比[7]。

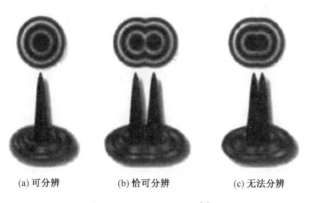

(a) 可分辨　　　　　(b) 恰可分辨　　　　　(c) 无法分辨

图 1.3.1　瑞利判据[8]

发光点经过光学系统得到的衍射斑如图 1.3.1 所示,中心较亮的区域聚集了大部分的能量,向外依次是明暗相间的环,该光斑称为艾里斑。当两个光斑距离较远时,能够清楚地分辨两个像点;当两个艾里斑距离很近时,两个光斑会相互重叠导致不能分辨。光学系统的分辨极限是由瑞利判据得到的,即当一个艾里斑的中心与另一个艾里斑的第一级暗环重合时,光学系统恰好能分辨出两个像,此时两个物点对于光学系统的张角就是该光学系统的最小分辨角。在夫琅禾费圆孔衍射中,最小分辨角可以表示为:

$$\Delta\varphi = 1.22\frac{\lambda}{d} \tag{1.3.1}$$

式中,d 为圆孔直径,λ 为光的波长。

突破衍射极限对科学研究而言极为重要。在显微光学成像领域,未突破衍射极限的光学显微镜无法完成高分辨率的精细成像,无法探究更微观的世界。在纳米光学中,需要快速、高分辨率和高集成的光子器件,而由于光学衍射极限限制器件的最小特征尺寸和加工分辨率,因此只有突破光学衍射极限才能进一步发展纳米光子学。常规的光学系统的衍射极限一般在 $\lambda/2$,想要提高衍射极限就要使用更短的光波波长以及采用更大数值孔径的光学系统。目前,接近技术能达到的极限的短波长激光器和大数值孔径透镜均有很高的成本并且已经达到了极限水平,因此传统的技术路线面临着巨大挑战,需要新的技术来突破衍射极限[7]。

参考文献

［1］Yariv A. Quantum Electronics［M］. 3rd ed. New York：Wiley，1989.

［2］李淑凤,李成仁,宋昌烈. 光波导理论基础教程［M］. 北京：电子工业出版社,2013.

［3］张彤,王保平. 光电子物理及应用［M］. 2 版. 南京：东南大学出版社,2019.

［4］Yacoubian A. Optics Essentials：An Interdisciplinary Guide［M］. Boca Raton：CRC Press，2015.

［5］Huang W P. Coupled-mode theory for optical waveguides：an overview［J］. Journal of the Optical Society of America A-Optics Image Science and Vision，1994，11(3)：963-983.

［6］黄远辉. 光学超衍射极限成像中随机介质传输矩阵获取方法研究［D］. 西安：西安电子科技大学，2013.

［7］干福熹,王阳. 突破光学衍射极限,发展纳米光学和光子学［J］. 光学学报，2011，31(9)：57-65.

［8］陈宇昊. 探索更微观的世界：突破衍射极限的超分辨成像技术研究进展［J］. 通讯世界，2018(10)：226-227.

［9］石顺祥,孙艳玲,马琳,等. 光纤技术及应用［M］. 2 版. 北京：科学出版社,2016.

第二章

纳米光波导及器件应用

目前集成电路已实现很高的集成度,逐渐接近理论极限,电子器件在信息处理和传感等方面已经达到了其固有的带宽和速度极限,采用光取代电信号作为信息传递的媒介是解决以上问题的有效途径。将光学元器件大规模集成在一起,实现具有复杂功能的集成光路和系统一直是光学领域研究的重点。光纤、平面光波导等传统的集成光学器件,由于受到光学衍射极限的限制,模式光斑尺寸一般在微米量级,难以进一步缩小,限制了光学器件的微型化。为了进一步实现光学器件小型化、高度集成化,随着集成光学器件技术的发展,各种新结构、新原理的光波导不断被提出,在缩小光波导物理尺寸的同时将光模式场限制在更紧凑的空间内,最终实现了突破衍射极限、低损耗、可长距离传输的纳米光波导。本章首先介绍了光波导中的衍射极限,在此基础上介绍了不同类型的纳米光波导的特性及基于纳米光波导的器件在集成光学系统中的应用。

2.1　波导的光学衍射极限

通常用于传输模式光信号的光波导尺寸在微米量级,这是由于当光波导的尺寸从微米缩减至纳米尺度甚至亚波长量级时,受到衍射效应的影响,模式光场更多以倏逝场分布,且芯层尺寸越小光波导对光场的束缚能力越弱,不再适合光信号的有效传导,这也是限制集成光学器件向集成化、小型化方向发展的原因。下面以介质光纤为例介绍波导中的衍射极限[1]。

假定波导是包层为空气、芯层为二氧化硅或硅材料的阶跃折射率光纤,波导的直径 D 并不是非常小,长度足够长,沿直径方向上折射率均一且波导侧壁光滑。波导芯层及包层的折射率分别为 n_1 和 n_2,那么波导的折射率分布可以用式(2.1.1)表示,a 为波导的半径。

$$n(r) = \begin{cases} n_1, & 0 < r < a \\ n_2, & a \leqslant r < \infty \end{cases} \tag{2.1.1}$$

假设波导无损且无源,那么式(2.1.1)表示的麦克斯韦方程组可以简化为式(2.1.7)表示的亥姆霍兹方程,对于 HE_{vm} 和 EH_{vm} 模式来说,本征方程可写为式(2.1.2)

$$\left\{\frac{J'_\nu(U)}{UJ_\nu(U)}+\frac{K'_\nu(W)}{WK_\nu(W)}\right\}\left\{\frac{J'_\nu(U)}{UJ_\nu(U)}+\frac{n_2^2 K'_\nu(W)}{n_1^2 WK_\nu(W)}\right\}=\left(\frac{\nu\beta}{kn_1}\right)^2\left(\frac{V}{UW}\right)^4$$

$$(2.1.2)$$

式中,U 和 W 是传播常数 β 的函数,$V = k_0 a (n_1^2 - n_2^2)^{1/2}$,$J_\nu$ 是第一类贝塞尔函数,K_ν 是第二类修正贝塞尔函数。

下面来讨论波导的单模条件,对于基模 HE_{11},式(2.1.2)将变为:

$$\left\{\frac{J'_1(U)}{UJ_1(U)}+\frac{K'_1(W)}{WK_1(W)}\right\}\left\{\frac{J'_1(U)}{UJ_1(U)}+\frac{n_2^2 K'_1(W)}{n_1^2 WK_1(W)}\right\}=\left(\frac{\beta}{kn_1}\right)^2\left(\frac{V}{UW}\right)^4$$

$$(2.1.3)$$

柱坐标系下的电磁场可写为:

$$\begin{cases}\boldsymbol{E}(r,\phi,z)=(E_r\,\widehat{r}+E_\phi\,\widehat{\phi}+E_z\,\widehat{z})\mathrm{e}^{\mathrm{j}\beta z}\,\mathrm{e}^{-\mathrm{i}\omega t},\\ \boldsymbol{H}(r,\phi,z)=(H_r\,\widehat{r}+H_\phi\,\widehat{\phi}+H_z\,\widehat{z})\mathrm{e}^{\mathrm{j}\beta z}\,\mathrm{e}^{-\mathrm{i}\omega t}\end{cases}$$

$$(2.1.4)$$

在芯层中 $(0 < r < a)$ 各个方向上的电场分布为:

$$E_r=-\frac{a_1 J_0(UR)+a_2 J_2(UR)}{J_1(U)}\cdot f_1(\phi)$$

$$(2.1.5)$$

$$E_\phi=-\frac{a_1 J_0(UR)-a_2 J_2(UR)}{J_1(U)}\cdot g_1(\phi)$$

$$(2.1.6)$$

$$E_z=-\frac{\mathrm{i}U}{a\beta}\frac{J_1(UR)}{J_1(U)}\cdot f_1(\phi)$$

$$(2.1.7)$$

在包层中 $(a \leqslant r < \infty)$ 各个方向上的电场分布为:

$$E_r=-\frac{U}{W}\frac{a_1 K_0(WR)-a_2 K_2(WR)}{K_1(W)}\cdot f_1(\phi)$$

$$(2.1.8)$$

$$E_\phi=-\frac{U}{W}\frac{a_1 K_0(WR)+a_2 K_2(WR)}{K_1(W)}\cdot g_1(\phi)$$

$$(2.1.9)$$

$$E_z=-\frac{\mathrm{i}U}{a\beta}\frac{K_1(WR)}{K_1(W)}\cdot f_1(\phi)$$

$$(2.1.10)$$

式中，$f_1(\phi)=\sin(\phi)$，$g_1(\phi)=\cos(\phi)$。磁场分量可通过电场分量计算得到。

二氧化硅-空气波导在径向(r)和方向角(ϕ)方向上的平均能量密度为零，因此可以只考虑在z方向上的能量密度。

在芯层中$(0<r<a)$坡印廷矢量在z方向上的分量为：

$$S_{z1}=\frac{1}{2}\left(\frac{\varepsilon_0}{\mu_0}\right)^{\frac{1}{2}}\frac{kn_1^2}{\beta J_1^2(U)}[a_1a_3J_0^2(UR)+a_2a_4J_2^2(UR)+$$

$$\frac{1-F_1F_2}{2}J_0(UR)J_2(UR)\cos(2\phi)] \tag{2.1.11}$$

在包层中$(a\leqslant r<\infty)$坡印廷矢量在z方向上的分量为：

$$S_{z2}=\frac{1}{2}\left(\frac{\varepsilon_0}{\mu_0}\right)^{\frac{1}{2}}\frac{kn_1^2}{\beta K_1^2(W)}\frac{U^2}{W^2}[a_1a_5K_0^2(WR)+a_2a_6K_2^2(UR)-$$

$$\frac{1-2\Delta-F_1F_2}{2}K_0(WR)K_2(WR)\cos(2\phi)] \tag{2.1.12}$$

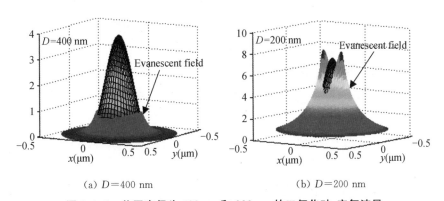

(a) $D=400$ nm   (b) $D=200$ nm

图 2.1.1 芯层直径为 400 nm 和 200 nm 的二氧化硅-空气波导在 633 nm 波长下的坡印廷矢量分布[1]

利用式(2.1.11)和式(2.1.12)可得到图 2.1.1(a)和(b)所示的芯层直径分别为 400 nm 和 200 nm 的二氧化硅-空气波导在 633 nm 波长下的坡印廷矢量分布，可以看到，直径为 400 nm 的波导可将光能大部分束缚在芯层内，而在直径为 200 nm 的波导中大部分光则是以倏逝波的形式在空气中传输，说明当波导物理尺寸缩小到一定程度时受到衍射极限的限制将束缚不住光场。

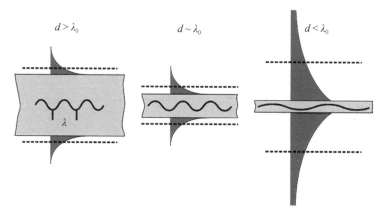

图 2.1.2   介质光纤基模和光纤直径的关系[2]

下面从介质光纤中传导的基模和光纤直径之间的关系方面进一步解释波导中的光学衍射极限现象[2]。当光纤直径 d 趋于无穷大时,其模式波长为 λ_0,光纤直径 d 不断减小时,模式场能量更多地分布在周围介质中,模式有效折射率更接近于周围介质的折射率,导模的等效波长从 λ_0 不断增加至介质中的波长,模式尺寸不断减小直至光纤直径接近 λ_0。当光纤直径 d 小于 λ_0 时,模式尺寸不断增加,当 $d=0$ 时模式尺寸无限大,成为周围介质中传导的体平面波,因此通过不断减小介质光纤直径的方式无法实现导模的亚波长传输。以上特性表明介质光纤中存在光的衍射极限现象,成为集成光学器件微型化的一大障碍。

2.2   纳米光波导的特性

为了减少衍射极限的影响,可利用介电常数实部为负数的表面等离激元波导实现突破衍射极限限制的亚波长光信号传输,也可引入具有高折射率差的波导结构提升光场束缚能力,缩小光波导物理尺寸。本节介绍表面等离激元波导、混合模式的表面等离激元波导、纳米狭缝波导、高折射率差介质纳米光波导和亚波长光栅波导等不同类型的纳米光波导的特性,以及基于这些纳米光波导的器件在集成光学系统中的应用。

衡量光波导性能的关键参数包括模式有效折射率 N_{eff}、传输损耗 L_p、归

一化模式面积 A_{eff}/A_0 等[3]，可由式（1.1.16）、式（1.1.17）和式（2.2.1）来表示。

$$A_{\text{eff}}/A_0 = \left(\int W(r)\,\mathrm{d}s \Big/ \max[W(r)] \right) \Big/ \left(\frac{\lambda_0^2}{4} \right) \qquad (2.2.1)$$

式中 W_r 是电磁场能量密度。

2.2.1　表面等离极化激元波导

表面等离极化激元（surface plasmon polaritons，SPP）是光与可迁移的表面电荷之间相互作用产生的表面电磁模式，可在介电常数实部为负的金属和介质材料的界面处形成传输模式。

图 2.2.1 是表面等离极化激元在介质-金属界面传输示意图[4]，在图示结构中，$x<0$ 区域为金属层，其介电系数为复数 $\varepsilon_1(\omega)$，$x>0$ 区域为无损介质层，其介电常数为正实数 ε_2。

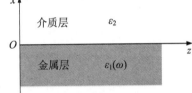

图 2.2.1　表面等离极化激元在介质-金属界面传输示意图

表面等离极化激元在介质-金属界面的传输遵循麦克斯韦方程组，对于 TM 模式光波，其波动方程为：

$$\frac{\partial^2 H_y}{\partial x^2} + (k_0^2 \varepsilon - \beta^2) H_y = 0 \qquad (2.2.2)$$

式（2.2.2）的特征解在 $x>0$ 区域为：

$$H_y(x) = A_2 \mathrm{e}^{\mathrm{i}\beta z} \mathrm{e}^{-k_2 x}$$

$$E_z(x) = \mathrm{i}A_2 \frac{1}{\omega \varepsilon_0 \varepsilon_2} k_2 \mathrm{e}^{\mathrm{i}\beta z} \mathrm{e}^{-k_2 x}$$

$$E_x(x) = -A_2 \frac{\beta}{\omega \varepsilon_0 \varepsilon_2} \mathrm{e}^{\mathrm{i}\beta z} \mathrm{e}^{-k_2 x} \qquad (2.2.3)$$

式（2.2.2）的特征解在 $x<0$ 区域为：

$$H_y(x) = A_1 \mathrm{e}^{\mathrm{i}\beta z} \mathrm{e}^{k_1 x}$$

$$E_z(x) = -\mathrm{i}A_1 \frac{1}{\omega \varepsilon_0 \varepsilon_1} k_1 \mathrm{e}^{\mathrm{i}\beta z} \mathrm{e}^{k_1 x}$$

$$E_x(x) = -A_1 \frac{\beta}{\omega \varepsilon_0 \varepsilon_1} \mathrm{e}^{\mathrm{i}\beta z} \mathrm{e}^{k_1 x} \qquad (2.2.4)$$

式中，A_1 和 A_2 为常数，k_1 和 k_2 是垂直于介质-金属界面的波矢分量。

由式(2.2.3)和式(2.2.4)可以看出，TM 模式的电场强度在介质-金属界面两侧均呈指数衰减，即电磁波在该界面两侧均为倏逝场，在空间中衰减得很快，因此形成的模式光斑的尺寸很小，远小于光学衍射极限。

根据边界连续条件，H_y 和 D_x 分量在界面处连续，因此 $A_1 = A_2$，且

$$\frac{k_2}{k_1} = -\frac{\varepsilon_2}{\varepsilon_1} \qquad (2.2.5)$$

由式(2.2.5)可知，要在满足边界连续的条件下将表面波限制在界面处，当 $\varepsilon_2 > 0$ 时，$\mathrm{Re}[\varepsilon_1(\omega)] < 0$，而金属的复介电常数实部刚好为负数，满足要求。将式(2.2.5)代入式(2.2.2)至式(2.2.4)中可得：

$$k_1^2 = \beta^2 - k_0^2 \varepsilon_1 \qquad (2.2.6)$$

$$k_2^2 = \beta^2 - k_0^2 \varepsilon_2 \qquad (2.2.7)$$

表面等离激元在介质-金属界面的传播常数为：

$$\beta = k_0 \sqrt{\frac{\varepsilon_1 \varepsilon_2}{\varepsilon_1 + \varepsilon_2}} \qquad (2.2.8)$$

因此在图 2.2.1 所示的介质-金属界面可激励起 TM 偏振的表面等离极化激元模式。

对于 TE 模式光波，其波动方程为：

$$\frac{\partial^2 E_y}{\partial x^2} + (k_0^2 \varepsilon - \beta^2) E_y = 0 \qquad (2.2.9)$$

式(2.2.9)的特征解在 $x > 0$ 区域为：

$$E_y(x) = A_2 \mathrm{e}^{\mathrm{i}\beta z} \mathrm{e}^{-k_2 x}$$

$$H_z(x) = -\mathrm{i} A_2 \frac{1}{\omega \mu_0} k_2 \mathrm{e}^{\mathrm{i}\beta z} \mathrm{e}^{-k_2 x}$$

$$H_x(x) = A_2 \frac{\beta}{\omega \mu_0} \mathrm{e}^{\mathrm{i}\beta z} \mathrm{e}^{-k_2 x} \qquad (2.2.10)$$

式(2.2.9)的特征解在 $x<0$ 区域为：

$$E_y(x) = A_1 e^{i\beta z} e^{k_1 x}$$

$$H_z(x) = iA_1 \frac{1}{\omega\mu_0} k_1 e^{i\beta z} e^{k_1 x}$$

$$H_x(x) = A_1 \frac{\beta}{\omega\mu_0} e^{i\beta z} e^{k_1 x} \quad\quad (2.2.11)$$

根据边界连续条件，E_y 和 H_x 分量在界面处连续，因此

$$A_1(k_1 + k_2) = 0 \quad\quad (2.2.12)$$

由于电磁波在界面处传播需同时满足波矢分量 k_1 和 k_2 的实部同时大于零，为了使式(2.2.12)成立，只有令 $A_1=A_2=0$，因此 TE 模式无法在介质-金属界面传播。

综上可知，在介质-金属界面仅支持 TM 偏振的表面等离极化激元模式。

与图 2.1.2 的介质光纤相对应，此处以形状同为圆柱形的金属纳米线为例展现表面等离激元波导是如何突破衍射极限的。如图 2.2.2 所示，直径为无穷大的金属纳米线的模式波长为 λ_{0sp}，当金属纳米线的直径 d 不断减小至小于 λ_{0sp} 时，模场能量大部分分布在金属中，模式有效折射率更接近金属，模式等效波长不断减小，模场局域特性不断增强，模式直径可以缩小至仅有几纳米，不再受到光学衍射极限的限制，因此可以实现亚波长尺度的光传输[2]。

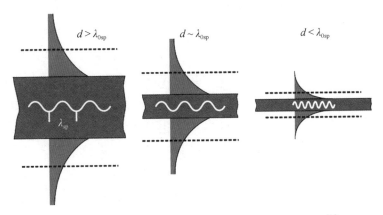

图 2.2.2　金属纳米线中导模和纳米线直径之间的关系[2]

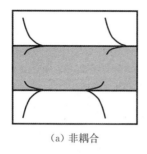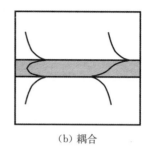

（a）非耦合　　　　　　　　　　（b）耦合

图 2.2.3　介质-金属-介质三明治结构波导传输的表面等离激元波的耦合情况[4]

下面介绍不同类型的表面等离激元波导。当采用介质-金属-介质三明治结构的波导时，金属膜的上下表面都存在表面等离极化激元模式，若金属膜的厚度较厚，如图 2.2.3（a）所示，上下表面的模式独立传输，不会相互耦合。中间金属膜厚度减小到一定程度时，如图 2.2.3（b）所示，上下表面传输的模式会相互耦合而产生两种新的模式——对称分布的偶次模和反对称分布的奇次模，偶次模的模场能量大部分分布在介质层中，奇次模的模场能量大部分分布在金属膜内部。两种模式的传播常数随金属膜厚度变化的关系如图 2.2.4 所示，随着膜厚的减小，奇次模的波矢将趋于无穷大，传输损耗急剧增加，只能传输较短的距离，被称为短程表面等离极化激元（short-range surface plasmon-polariton，SRSPP）模式，而偶次模的波矢将逐渐趋于真空中的波矢 k_0，传输损耗迅速降低，可以传输较长的距离，被称为长程表面等离极化激元（long-range surface plasmon-polariton，LRSPP）模式[6]。SRSPP 波导的结构通常为图 2.2.1 所示的金属-介质结构，由于金属具有较强的吸光性，模式损耗很大，其传输距离一般在几微米至几十微米量级，难以实现毫米级以上的传输[5]。SRSPP 的主要优势是对传导信号的强亚波长局域特性，这使其适于实现高度集成的光回路及亚波长光器件之间的光互连。LRSPP 波导通常为图 2.2.3（b）所示的介质-金属-介质对称结构，由于大部分能量分布在低损耗的介质中，模式

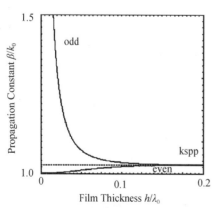

图 2.2.4　偶次模和奇次模的传播常数随金属膜厚度变化的关系[5]

损耗比较低,其在通信波段的传播距离可达厘米量级[2]。

除了介质-金属-介质波导结构之外,基于金属-介质-金属结构的波导可利用金属对光信号的紧束缚特性将模式光限制在金属之间的介质狭缝中传输,光强密度高,可实现大角度的弯曲传输。常见的金属-介质-金属波导结构有方形槽结构、V形槽结构等。

槽形波导兼顾了波导器件的高集成度和低传输损耗的要求,其结构如图 2.2.5(a)所示[7]。在槽形波导的制备过程中,通常先在衬底材料上沉积一层金属薄膜,并在金属薄膜上刻蚀一个小沟槽形成波导,之后在整个器件上旋涂一层和衬底材料折射率匹配的聚合物材料,以提供足够的折射率差来支持沟槽中的表面等离激元模式。

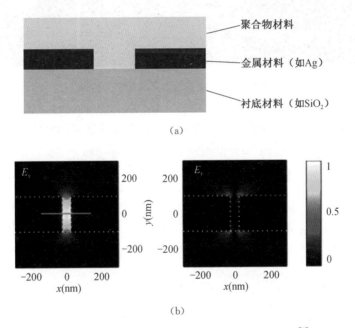

(a)

(b)

图 2.2.5　(a)槽形波导结构示意图(b)槽内场分布[7]

图 2.2.6 展示了基于 V 形槽结构的表面等离激元波导器件[8],包括 Y 光波导分束器、Mach-Zehnder 型干涉仪及环形谐振腔结构。在二氧化硅衬底上沉积金膜,并在金膜上刻出 V 形槽结构,模式光被束缚在 V 形槽底部,可通过改变 V 形的角度来控制模式特性,实现了数十微米的光场直线传输及大角度的弯曲传输。

表面等离激元波导在集成光学器件中具有广泛的应用,此处我们以调制器

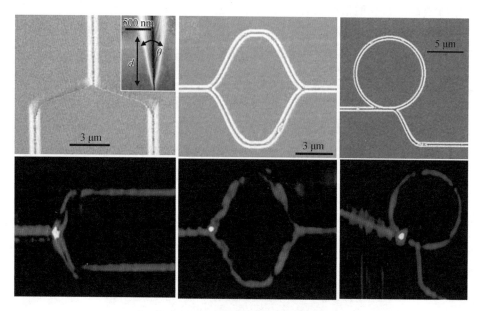

图 2.2.6　V 形槽表面等离激元波导器件[8]

为例展示其工作原理及对器件性能的提升。表面等离激元调制器通常采用的是
金属-介质-金属波导结构，在狭缝中填充具有二阶非线性光学效应的有机聚合物
电光波导材料，利用聚合物电光波导材料的线性电光效应实现对信号的调制。

　　下面简单介绍几个典型表面等离激元调制器的研究工作。Melikyan 等人
报道了一种表面等离激元相位调制器[9]，如图 2.2.7(a) 所示，该调制器由两个
金属锥形电极和夹在中间的相位调制区域构成，锥形结构用于完成从光模式到
表面等离极化激元模式的转换。纳米线传导的连续波激光通过金属锥形结构
耦合到表面等离极化激元狭缝波导中，激励起表面等离激元模式。狭缝中填充

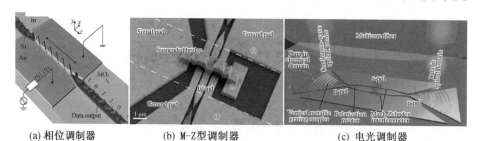

(a) 相位调制器　　　　　(b) M-Z型调制器　　　　　(c) 电光调制器

图 2.2.7　表面等离激元电光调制器[9,10,11]

了非线性的有机聚合物材料,其折射率可以通过普克尔效应对电极施加静电场改变,信息被编码在表面等离激元波的相位中,在调制区域的终端,表面等离极化激元模式将会重新转换为光模式。在通信波长下金、银等金属介电常数的模量通常比非线性聚合物的介电常数大两个数量级,金属-聚合物界面大的介电常数差在狭缝中引起了光场的增强。此外光场和调制场都被紧束缚在狭缝中,这使得光信号和射频信号较好地重叠在一起。调制区域的长度为 29 μm,狭缝宽度为 140 nm,调制器插入损耗为 12 dB,调制响应可达 65 GHz,调制速率为 40 Gbit/s。

Haffner 等人报道了全表面等离激元的 M-Z 型调制器[10],如图 2.2.7(b)所示,电光作用区长度仅为 10 μm,半波电压长度积 60 V·μm,调制速率 72 Gbit/s,在 54 Gbit/s 以上的调制速率下耗能仅为 25 fJ/bit。调制器主要包括三个部分:第一部分为光子-表面等离极化激元干涉区域,在这个区域中,硅波导中传导的入射激光被转换为表面等离极化激元,并由岛尖端分为相等的两束。第二部分为相位调制区域,表面等离极化激元沿移相器的两臂传导,移相器由金电极和金岛形成的金属-绝缘体-金属表面等离极化激元狭缝波导构成,狭缝中填充了具有高二阶非线性的聚合物作为电光材料。当在岛和电极之间施加电压时,狭缝中传导的表面等离极化激元因为线性电光效应相位产生变化实现相位调制。第三个部分也是光子-表面等离极化激元干涉区域,在这一区域中,相位调制通过干涉转化为强度调制。若两臂的表面等离极化激元同相,将会耦合到相接的硅波导模,反之则会耦合到有损的倏逝模。由于表面等离极化激元模式被高度限制在纳米尺度的狭缝中,电场模式和表面等离极化激元模式之间高度重合,提升了电光作用效果。

Ayata 等人在 *Science* 上报道了数据传输率为 116 Gbit/s 的高速全表面等离激元电光调制器[11],如图 2.2.7(c)所示,该调制器的总尺寸为 36 $\mu m \times$ 6 μm,垂直光栅耦合器、分束器、偏振旋转器和相位调制单元都由单层金属层构成,槽中填充了非线性光学材料以实现电光调制。该工作表明,表面等离激元是一个实现超紧凑、高速调制的技术,由于这种技术可以和多种材料兼容,在传感和通信等领域中有广泛的应用前景。

2.2.2 混合模式的表面等离激元波导

表面等离激元波导虽然可以突破衍射极限,但由于金属的高欧姆损耗使得波导的传输损耗很高,限制了光模式的表面传输距离。为了解决这一问题,混合模式的表面等离激元波导被提出。在适当的波导尺寸下,当介质光波导与金属表面等离激元波导相互靠近时,介质光波导中传输的光模式与界面处的表面等离极化激元模式相互耦合,形成了混合的电磁模式,该结构的波导具有比金属表面等离激元波导更紧凑的模式面积及更长的传输距离。常见的混合模式的表面等离激元波导有介质条载表面等离激元波导和"半导体-绝缘体-金属"表面等离激元波导。

介质条载表面等离激元波导的结构如图 2.2.8(a)所示,该波导由金属薄膜和沉积在薄膜上的高折射率介质条载共同构成[12]。2.2.8(b)展示了波导产生的混合模式,可以看到模式被束缚在金属-介质界面和介质-空气界面之间,模式光斑尺寸约为数百纳米,可传输数百微米的距离。介质条载表面等离激元波导可用于研制谐振腔及 Bragg 光栅结构[13],如图 2.2.9 所示,模式光可以很好地束缚在半径约为 5 μm 的谐振腔中。

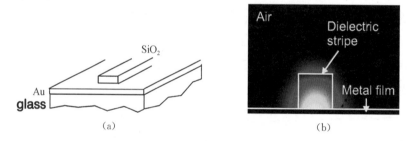

图 2.2.8　(a)介质条载表面等离激元波导结构(b)模场分布[12]

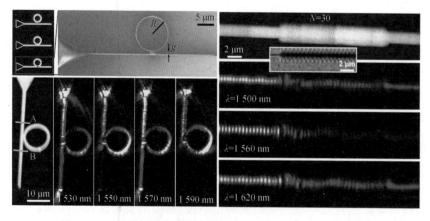

图 2.2.9　介质条载表面等离激元波导谐振腔及 Bragg 光栅[13]

图 2.2.10 展示了与 CMOS 工艺兼容的介质条载表面等离激元波导[14]，采用铜薄膜、二氧化硅薄膜和其上的氮化硅条载构成的波导结构，在通信波段实现了大于 40 μm 的传输距离和约为 $\lambda^2/50$ 的模式面积。

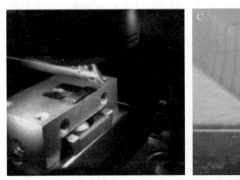

图 2.2.10　CMOS 兼容的介质条载表面等离激元波导[14]

2008 年美国加州大学伯克利分校张翔团队提出了"半导体-绝缘体-金属"表面等离激元波导结构[15]，如图 2.2.11(a)所示，具有高介电常数的半导体纳米线与金属衬底之间有一纳米尺度的狭缝，狭缝中填充有低介电常数的绝缘材料，金属-介质界面产生的表面等离极化激元模式和介质波导模式耦合形成了混合模式。如图 2.2.11(b)所示，当半导体纳米线与金属衬底之间有较大的距离时，光场主要分布在半导体纳米线和下部的介质中，而当间距缩小至几纳米时，如图 2.2.11(c)所示，模式光被限制在介质狭缝中，模式面积可达 $\lambda^2/400$。除了强陷光能力以外，混合模式还具备低传输损耗，可实现达 150 μm 的长距离传输。

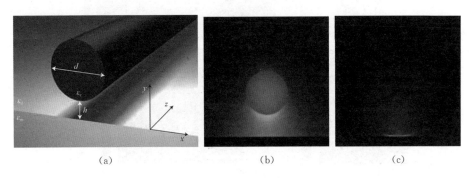

(a)　　　　　　　　　　(b)　　　　　　　　　　(c)

图 2.2.11　(a) 混合模式的表面等离激元波导结构(b)(c)模式分布[15]

在以上研究工作基础上,2009 年张翔团队报道了表面等离激元纳米激光器[16],如图 2.2.12 所示,该激光器由直径约为 10 nm 的高增益硫化镉半导体纳米线、5 nm 厚的氟化镁绝缘间隔层和银衬底构成,强模式限制能力使得纳米线的激子自发辐射率在宽带范围内增强了 6 倍,模式光斑约为 5 nm,远突破衍射极限。

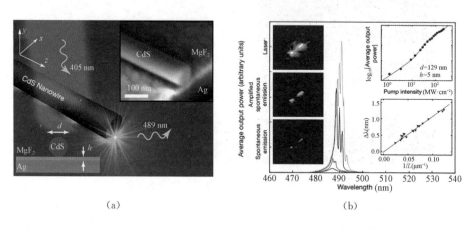

(a) (b)

图 2.2.12 (a) 表面等离激元激光器(b) 光致发光谱[16]

图 2.2.13 展示了本课题组提出的基于"半导体-绝缘体-金属"三明治结构的深度亚波长表面等离激元波导及方向耦合器、90°大弯曲角度波导和低损耗环形谐振腔等功能器件[3],单个功能器件尺寸小于一个真空光波长,该波导结构可将

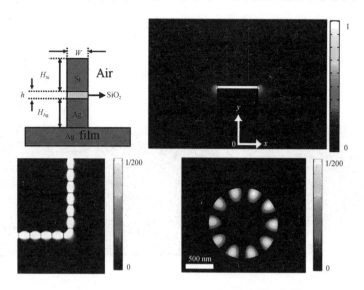

图 2.2.13 深度亚波长波导结构及功能器件[3]

光场紧束缚在几纳米的狭缝中，光强密度高达 $200\sim300/\mu\mathrm{m}^2$，且可长距离传输。

2.2.3 纳米狭缝波导

纳米狭缝波导(slot waveguide)由美国康奈尔大学 Lipson 团队于 2004 年提出[17]，当年即实验通光测试成功[18]。其波导结构如图 2.2.14 所示：在两根相邻的硅纳米线之间加工出宽度为数十纳米的狭缝，利用硅材料与空气狭缝之间的高折射率差特性，令光信号在低折射率的狭缝中形成本征模式，并可长距离传输。

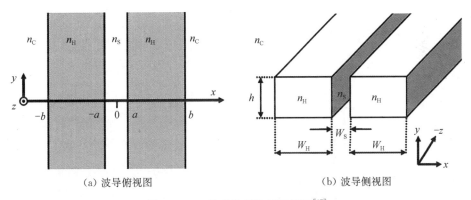

(a) 波导俯视图　　　　　　　　(b) 波导侧视图

图 2.2.14　纳米狭缝波导示意图[17]

下面详细介绍纳米狭缝波导的性质。由公式(1.1.9a)可知，麦克斯韦方程组的边界条件规定与界面垂直方向的电位移矢量 D 是连续的，由于电位移矢量 D 与电场 E 成正比，而介电系数 ε 是不均匀的，那么在界面处的电场 E 必然会产生巨大的跳变，且高折射率介质一侧界面处的场强比低折射率介质一侧界面处的场强要弱得多。狭缝波导的本征模式可以视为是由两单独波导的基模之间的相互作用产生的，TM 基模的横电场 E_x 的解析解为

$$E_x(x) = A \begin{cases} \dfrac{1}{n_S^2}\cosh(\gamma_S x), & |x| < a \\[2mm] \dfrac{1}{n_H^2}\cdot\cosh(\gamma_S a)\cos[\kappa_H(|x|-a)] + \dfrac{\gamma_S}{n_S^2\kappa_H}\sinh[\kappa(|x|-a)], & a < |x| < b \\[2mm] \dfrac{1}{n_C^2}\left\{\cosh(\gamma_S a)\cos[\kappa_H(b-a)] + \dfrac{n_H^2\gamma_S}{n_S^2\kappa_H}\sinh(\gamma_S a)\sin[\kappa_H(b-a)]\right\}\cdot \\[2mm] \quad \exp[-\gamma_C(|x|-b)], & |x| > b \end{cases}$$

$$(2.2.13)$$

式中,高折射率一侧的横波波数为 κ_H, γ_C 是包层中的场衰减系数, γ_S 是狭缝中的场衰减系数,常数 A 定义为

$$A = A_0 \frac{\sqrt{k_0^2 n_H^2 - \kappa_H^2}}{k_0} \qquad (2.2.14)$$

式中, A_0 是随机常数, $k_0 = 2\pi/\lambda_0$ 是真空波数,横向参数 κ_H, γ_C 和 γ_S 同时遵循以下关系式 $k_0^2 n_H^2 - \kappa_H^2 = k_0^2 n_C^2 + \gamma_C^2 = k_0^2 n_S^2 + \gamma_S^2 = \beta^2$,其中 β 是本征模式的传播常数,可以通过求解以下超越特征方程计算得到

$$\tan[\kappa_H(b-a) - \Phi] = \frac{\gamma_S n_H^2}{\kappa_H n_S^2}\tanh(\gamma_S a) \qquad (2.2.15)$$

其中 $\Phi = \arctan[\gamma_C n_H^2/(\kappa_H n_C^2)]$。

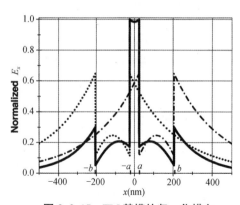

图 2.2.15　TM 基模的归一化横向
电场 E_x 分布[17]

由式(2.2.13)可得狭缝交界处靠近低折射率介质一侧($|x| = a^-$)处的电场是高折射率介质一侧($|x| = a^+$)处电场的 n_H^2/n_S^2 倍,当狭缝宽度远小于狭缝内的特征衰减长度时($a \ll 1/\gamma_S$),电场在整个狭缝内都保持很高的强度。由图 2.2.15 可以看到在狭缝交界处电场产生了巨大的跳变,且在狭缝中电场得到了极大增强。

这种波导结构对光具有极强的束缚能力,可显著增强光与物质之间的相互作用,为人们研究高光强密度下的光压效应、非线性效应等提供了新的技术手段。利用这种狭缝波导展现出的显著光压效应,可用于俘获纳米颗粒,研制光控微流体器件,实现介质纳米颗粒和 DNA 分子的光学微操纵[19]。

2.2.4　高折射率差介质纳米光波导

介质光波导通过构建波导芯层和包层之间的折射率差来限制光模式,因此可通过增加芯层和包层之间的折射率差来有效提升波导对光的束缚能力,并缩减模式光斑的尺寸。具有代表性的是绝缘体上硅(SOI)光波导,它以高折射率

的硅纳米线为芯层,空气、二氧化硅等低折射率的材料作为包层来实现对光场的紧束缚。近些年兴起的绝缘体上铌酸锂(LNOI)光波导与 SOI 光波导结构类似,通过电子束光刻和电感耦合等离子体反应离子刻蚀相结合的工艺可实现损耗为 2.7 dB/m 的超低损耗纳米光波导[20],打破了人们对难刻蚀的铌酸锂材料无法实现低损耗光波导的认知。该波导的芯层部分厚度在纳米尺度,可将模式场限制在脊形结构中,易于实现低半波电压的电光调制器件。

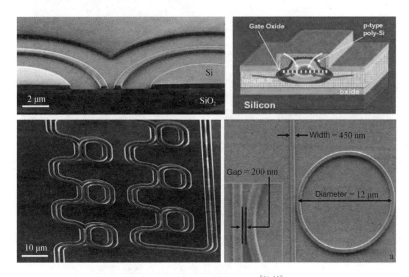

图 2.2.16　SOI 波导器件[21-22]

此外,半导体纳米线也可用于实现高折射率差的纳米线光波导。由于半导体纳米线具有光增益特性,常用于制备纳米激光器。2001 年杨培东等人在 *Science* 上报道了世界上首个纳米线激光器[23],利用宽禁带半导体纳米线阵列成功在室温下打出紫外激光。氧化锌纳米线在金薄膜的催化下沿⟨0001⟩晶向外延生长在蓝宝石衬底表面,纳米线的直径在 20~150 nm 之间。氧化锌纳米线两六边形的端面可作为两个反射镜,这使得纳米线本身可构成谐振腔,在室温下,利用波长为 266 nm 的掺钕钇铝石榴石激光激励纳米线阵列,可观察到 385 nm 的激光,谱线宽度小于 0.3 nm。

利用火焰加热两步拉伸光纤的方法可制备直径在亚波长尺寸、工作范围在可见光至近红外波段的二氧化硅纳米光纤[24],如图 2.2.17(a)所示,这种纳米光纤可在显微镜下灵活操纵,可用于研制多种无源和有源器件。在微光纤环形结谐振腔上叠加氧化锌纳米线可构成激光器,该混合结构的激光器结合了半导体纳米线高增益和微光纤环形结谐振腔高 Q 值的优势,可实现低激光阈值、窄线宽的激光[25]。

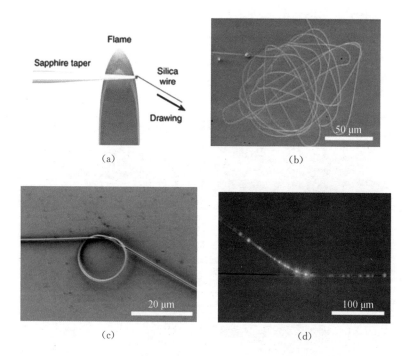

图 2.2.17　(a) 火焰加热两步拉伸法(b) 二氧化硅纳米线照片
(c) 光学显微镜下操纵纳米线(d) 纳米线通光[24]

2022 年,童利民等人在 *Science* 上报道了兼具弹性和柔韧性的单晶冰微纤维[26],直径在 800 nm～10 μm 之间,可作为光波导高效传输可见光,525 nm 波长光的传输损耗约为 0.2 dB/cm,有望实现低温工作的低损耗光波导。

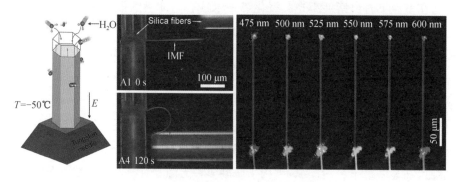

图 2.2.18　冰微纤维制备及性能表征[26]

2.2.5 亚波长光栅波导

亚波长光栅(subwavelength grating)波导由尺度小于波长的介电材料周期性排列而成,形成瑞利散射阵列,其结构如图 2.2.19(a)所示,可视为由折射率 n_1,n_2 的两种介电材料周期排列而成的一维精细分层结构[27]。

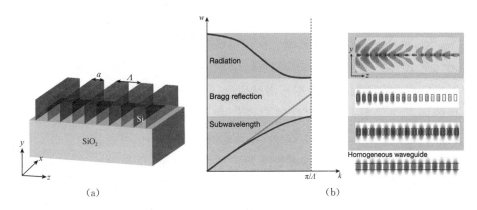

图 2.2.19 (a)亚波长光栅结构示意图;(b)周期性结构的色散关系及对应的电场分布[27]

根据有效介质理论(effective-medium theory),这一散射阵列可被视为光轴垂直于各层的单轴晶体,即一种等效均质材料(equivalent homogeneous material)[28]。对于偏振态平行于各层或垂直于各层的入射光,其折射率可由下式表出:

$$n_{/\!/}^2 \approx \frac{a}{\Lambda}n_1^2 + \left(1 - \frac{a}{\Lambda}\right)n_2^2 + O\left(\frac{\Lambda^2}{\lambda^2}\right) \tag{2.2.16}$$

$$n_{\perp}^{-2} \approx \frac{a}{\Lambda}n_1^{-2} + \left(1 - \frac{a}{\Lambda}\right)n_2^{-2} + O\left(\frac{\Lambda^2}{\lambda^2}\right) \tag{2.2.17}$$

式中,Λ 为光栅栅距,λ 为真空波长,a 为折射率为 n_1 的材料的空间厚度。在长波条件下,折射率会趋于常数,其数量级与 $\frac{\Lambda^2}{\lambda^2}$ 相同。由上式可知,光在亚波长光栅结构中的折射率与偏振相关,因此这一等效材料是双折射的单轴晶体。此外,通过调节材料的填充因子(filling factor),即 $\frac{a}{\Lambda}$ 的值,可实现等效均

质材料折射率在 n_1，n_2 之间变化。

　　对于纵向排列的亚波长光栅结构，当栅距与半波长相等时，即 $\Lambda = \dfrac{\lambda_{\text{guided}}}{2} = \dfrac{\lambda}{2n_{\text{eff}}}$ 时，光在光栅中会形成布拉格共振，这源于光子晶体理论中的色散关系[29]。如图 2.2.19(b) 左图所示，根据光子晶体理论，在周期性结构中，光的传播特性由色散关系决定，根据光的工作波长与结构周期的关系，存在亚波长传输、布拉格共振、辐射三种机制。在布拉格区（即光子带隙内），电场沿传播方向快速衰减，即无传导模；在辐射区，周期性结构相当于衍射光栅，能量会向远场辐射；在亚波长区，根据布洛赫理论，亚波长的周期性结构可支持无损传播的局部布洛赫模式，此时周期性结构可视为等效均质的单轴晶体，且 $n_{xx} = n_{yy} = n_{/\!/}$，$n_{zz} = n_\perp$。此外，无损传播模式不仅可在深度亚波长结构中观测到，也可在向光子带隙的过渡区域中观测到，这使得器件的制备难度更低，且通过对亚波长光栅波导在过渡区域的色散和各向异性进行定制性加工，可实现对传播模波矢的控制。另外，已有研究表明，过渡区域的光栅可用于操控自由空间的光束。

　　目前对亚波长光栅波导的研究集中于 SOI 平台，对于 1 550 nm 的通信波长光，若要实现亚波长结构，需满足亚波长光栅波导的周期 $\Lambda < \Lambda_{\text{Bragg}} \approx 300$ nm，除部分填充系数的周期结构无法实现外，利用电子束光刻或深紫外光刻都可实现对这一精度的光栅结构进行制备。对于多模波导，其宽度通常为几百个周期，在制备过程中硅的无序性会对结构的平移对称性造成破坏，该无序性必须远小于 5 nm 以避免引入高传输损耗。而对于波长更长的光，光栅周期和无序性的限制均会随着波长增加而放宽，因此亚波长光栅结构在近红外、中红外波段均有着很好的应用前景。

　　此外，对于集成光学器件，由于模式尺寸失配，芯片与光纤的对接耦合会引入大量损耗，而这一问题在亚波长光栅波导中可以得到解决。当亚波长光栅波导接近芯片边缘时，通过逐渐降低填充因子和波导宽度，可实现折射率的降低，模式尺寸会逐渐增大，有效折射率逐渐接近 SiO_2 值，因此与光纤的直接对接耦合效率可大大提高。与传统的锥形波导相比，亚波长光栅波导与光纤可实现几乎与偏振无关、效率超过 90% 的高效耦合[30]。

　　利用亚波长光栅波导的优异特性，科研人员已实现了大量功能器件的制备。下面简单介绍亚波长光栅波导在片上分光、片上光谱滤波、片上偏振控制领域的应用。

传统的方向耦合器基于一对平行波导中的超模(supermodes)间的干涉，工作带宽有限，如在通信波段其工作带宽约为 25 nm。引入亚波长光栅波导后，可以控制超模的色散，将带宽扩展到 100 nm，而利用多模亚波长光栅波导的自成像效应可获得 500 nm 带宽[31]，如图 2.2.20 所示。

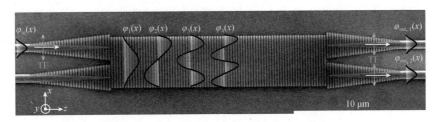

图 2.2.20　基于 SWG 波导的多模分束器[31]

对于传统的全蚀光波导，由于窄带滤波需要低反射系数和长光栅长度，因此技术上较难实现。而在亚波长尺度利用两种填充系数交错的亚波长光栅波导组成类似于布拉格光栅的结构，可通过连续的相长干涉实现特定波长光的反射，从而实现光的片上滤波，与光纤系统中的布拉格光纤光栅相似。图 2.2.21 所示的混合光栅光谱滤波器可获得约 100 pm 的带宽[32]。

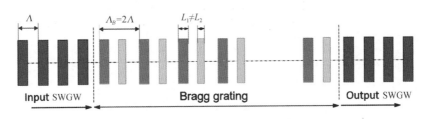

图 2.2.21　混合光栅光谱滤波器结构示意图[32]

另一种滤波方式通过反向定向耦合器实现，即通过光栅让两相位匹配的模式在两个不同方向的平行波导中传输。这种器件的自由光谱范围较宽，但性能易受到同向耦合的劣化。若在其中一条波导中引入亚波长光栅波导结构，如图 2.2.22 所示，通过强烈的相位失配抑制同向耦合，可实现反向定向耦合性能的提升[33]。

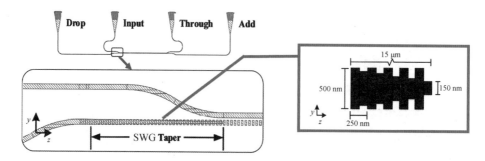

图 2.2.22　基于亚波长光栅波导的反向定向耦合器[33]

2.3　结论

微电子器件芯片已经达到了很高的集成程度,而平面光波导器件由于受到光学衍射效应的影响,传输光束的直径一般只能限制在波长量级。为了弥补电子器件与光子器件尺寸及集成度之间的差距,实现光子器件的微型化、集成化,出现了多种新结构、新概念的纳米光波导。具有负介电常数的表面等离激元波导模式光斑尺寸在亚波长量级,远突破衍射极限。表面等离激元结合具有高电子迁移率的石墨烯等二维材料降低光损耗[34],提升传输距离,同时利用二维材料的超强电磁场局域特性带来的强光与物质相互作用能力[35],在纳米尺度上实现信息传输、处理和技术应用,符合未来集成光学器件发展趋势。

参考文献

[1] Tong L M, Lou J Y, Mazur E. Single-mode guiding properties of subwavelength-diameter silica and silicon wire waveguides[J]. Optics Express, 2004, 12(6): 1025-1035.

[2] Gramotnev D K, Bozhevolnyi S I. Plasmonics beyond the diffraction limit[J]. Nature photonics, 2010, 4(2): 83-91.

[3] Zhang X Y, Hu A, Wen J Z, et al. Numerical analysis of deep sub-wavelength integrated plasmonic devices based on Semiconductor-Insulator-Metal strip waveguides[J]. Optics Express, 2010, 18(18): 18945-18959.

[4] Maier S A. Plasmonics: fundamentals and applications [M]. New York: Springer, 2007.

[5] Takahara J, Kobayashi T. Nano-optical waveguides breaking through diffraction limit

of light [C]//Optomechatronic Micro/Nano Components, Devices, and Systems. SPIE, 2004, 5604: 158-172.

[6] Berini P. Plasmon-polariton waves guided by thin lossy metal films of finite width: Bound modes of symmetric structures[J]. Physical Review B, 2000, 61(15): 10484-10503.

[7] Liu L, Han Z H, He S L. Novel surface plasmon waveguide for high integration[J]. Optics Express, 2005, 13(17): 6645-6650.

[8] Bozhevolnyi S I, Volkov V S, Devaux E, et al. Channel plasmon subwavelength waveguide components including interferometers and ring resonators[J]. Nature, 2006, 440: 508-511.

[9] Melikyan A, Alloatti L, Musliga A, et al. High-speed plasmonic phase modulators [J]. Nature Photonics, 2014, 8(3): 229-233.

[10] Haffner C, Heni W, Fedoryshyn Y, et al. All-plasmonic Mach-Zehnder modulator enabling optical high-speed communication at the microscale[J]. Nature Photonics, 2015, 9(8): 525-528.

[11] Ayata M, Fedoryshyn Y, Heni W, et al. High-speed plasmonic modulator in a single metal layer[J]. Science, 2017, 358(6363): 630-632.

[12] Steinberger B, Hohenau A, Ditlbacher H, et al. Dielectric stripes on gold as surface plasmon waveguides[J]. Applied Physics Letters, 2006, 88: 094104.

[13] Holmgaard T, Chen Z, Bozhevolnyi S I, et al. Wavelength selection by dielectric-loaded plasmonic components[J]. Applied Physics Letters, 2009, 94: 051111.

[14] Fedyanin D Y, Yakubovsky D I, Kirtaev R V, et al. Ultralow-Loss CMOS Copper Plasmonic Waveguides[J]. Nano Letters, 2016(1): 16.

[15] Oulton R F, Sorger V J, Genov D A, et al. A hybrid plasmonic waveguide for subwavelength confinement and long-range propagation[J]. Nature Photonics, 2008, 2 (8): 496-500.

[16] Oulton R F, Sorger V J, Zentgraf T, et al. Plasmon lasers at deep subwavelength scale[J]. Nature, 2009, 461(7264): 629-632.

[17] Almeida V R, Xu Q F, Barrios C A, et al. Guiding and confining light in void nanostructure[J]. Optics Letters, 2004, 29(11): 1209-1211.

[18] Xu Q, Almeida V R, Panepucci R R, et al. Experimental demonstration of guiding and confining light in nanometer-size low-refractive-index material[J]. Optics Letters, 2004, 29(14): 1626-1628.

[19] Yang A H J, Moore S D, Schmidt B S, et al. Optical manipulation of nanoparticles and

biomolecules in sub-wavelength slot waveguides[J]. Nature, 2009, 457(7225): 71-75.

[20] Zhang M, Wang C, Cheng R, et al. Monolithic ultra-high-Q lithium niobate microring resonator[J]. Optica, 2017(4): 1536.

[21] Xu Q F, Schmidt B, Pradhan S, et al. Micrometre-scale silicon electro-optic modulator [J]. Nature, 2005, 435: 325-327.

[22] Xia F N, Sekaric L, Vlasov Y. Ultracompact optical buffers on a silicon chip[J]. Nature photonics, 2007, 1(1): 65-71.

[23] Huang M H, Mao S, Feick H, et al. Room-temperature ultraviolet nanowire nanolasers[J]. science, 2001, 292(5523): 1897-1899.

[24] Tong L M, Gattass R R, Ashcom J B, et al. Subwavelength-diameter silica wires for low-loss optical wave guiding[J]. Nature, 2003, 426: 816-819.

[25] Yang Q, Jiang X, Guo X, et al. Hybrid structure laser based on semiconductor nanowires and a silica microfiber knot cavity[J]. Applied Physics Letters, 2009, 94 (10): 241.

[26] Xu P, Cui B, Bu Y, et al. Elastic ice microfibers[J]. Science, 2021, 373, 6551: 187-192.

[27] Peng B, Xiong C, Khater M, et al. Metamaterial waveguides with low distributed backscattering in production O-band Si photonics[C]//Optical Fiber Communication Conference. Optical Society of America, 2017: Tu3K. 3.

[28] Benedikovic D, Berciano M, Alonso-Ramos C, et al. Dispersion control of silicon nanophotonic waveguides using sub-wavelength grating metamaterials in near-and mid-IR wavelengths[J]. Optics express, 2017, 25(16): 19468-19478.

[29] Halir R, Cheben P, Luque-González J M, et al. Ultra-broadband nanophotonic beamsplitter using an anisotropic sub-wavelength metamaterial[J]. Laser & Photonics Reviews, 2016, 10(6): 1039-1046.

[30] Lu L, Liu D, Zhou F, et al. Inverse-designed single-step-etched colorless 3 dB couplers based on RIE-lag-insensitive PhC-like subwavelength structures[J]. Optics Letters, 2016, 41(21): 5051-5054.

[31] Čtyroký J, Wangüemert-Pérez J G, Kwiecien P, et al. Design of narrowband Bragg spectral filters in subwavelength grating metamaterial waveguides[J]. Optics Express, 2018, 26(1): 179-194.

[32] Naghdi B, Chen L R. Silicon photonic contradirectional couplers using subwavelength grating waveguides[J]. Optics Express, 2016, 24(20): 23429-23438.

[33] Shen B, Wang P, Polson R, et al. An integrated-nanophotonics polarization beamsplitter

with 2. 4× 2. 4 μm^2 footprint[J]. Nature Photonics，2015，9(6)：378-382.

[34] Gao W L，Shu J，Qiu C，et al. Excitation of Plasmonic Waves in Graphene by Guided-Mode Resonances[J]. ACS Nano，2012，6(9)：7806-7813.

[35] Koppens F，Chang D E，Javier G. Graphene plasmonics：A platform for strong light-matter interaction：Nano Letters，2011，11(8)：3370-3377.

第三章

纳米结构中的谐振效应

纳米集成光学器件及纳系统技术

纳米结构是在三维方向上至少有一维具有纳米尺寸的结构。随着对纳米结构研究的深入,人们发现特定材料、尺寸的纳米结构中存在表面等离激元、电场或磁场谐振效应,可在亚波长尺度实现光能的空间局域,此时纳米结构可视为纳米谐振腔[1]。处于谐振状态时,纳米结构中存在的光与物质相互作用的增强(例如对电磁波的散射、吸收增强效应),可显著增强光学近场效应并实现远场散射的调控。本章首先概述纳米尺度的谐振与散射效应,随后介绍散射、吸收和消光的基本概念,并重点介绍纳米尺度的不同谐振模式的光与物质相互作用的原理及性质。

3.1　纳米尺度的谐振与散射效应概述

光学谐振腔是一种能够在空间上对光能进行限制的结构,谐振腔中光可以反复经过物质,增加了光与物质的相互作用时间,从而增强光与物质的相互作用[2]。在第二章中,已经介绍了多种由表面等离激元波导构成的谐振腔结构,本节将进一步介绍纳米结构中的谐振效应。

3.1.1　纳米尺度的谐振效应

在介质光学微腔中,当腔长的尺寸大于$\lambda/2n$(其中n为腔内材料折射率)时,在每个半周期中,腔中电磁能量分别以电场能和磁场能形式相互交换(图 3.1.1a)[2],从而将电磁能量局限在腔内部。当介质光腔尺寸远小于光波长量级时,腔中的电磁能量向外辐射(图 3.1.1b),腔的品质因子急剧下降,也就是说对于全介质光腔来说,通过减小腔的体积来提高光能的俘获效率是不现实的。因此,如何构建特定谐振性质的纳米尺度的光学谐振腔,在亚波长尺度增强光与物质相互作用具有重要意义。例如,表面等离激元纳米结构(通常为金属纳米结构)就是其中的一种典型的例子(图 3.1.1c),与介质光学腔的原理不同,其中入射电磁能量可与金属集体电子动能相互转换,因而尺寸可远小于衍射极限。从能量角度上说,通过光学腔或表面等离激元纳米结构,可把大量光能在较小的空间区域上聚集,进而在纳米尺度,甚至是原子尺度实现光能的高效利用。

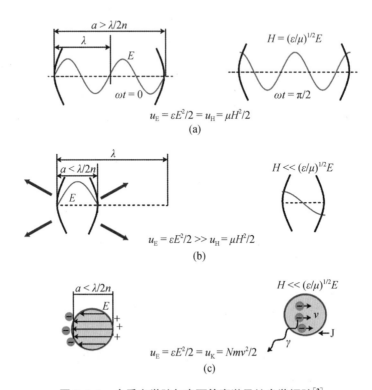

图 3.1.1   介质光学腔与表面等离激元纳米谐振腔[2]

3.1.2   纳米结构中的散射、吸收和消光

早在 1908 年,Gustav Mie 提出了球形结构光吸收和散射的解析解[3],从概念上将金属纳米结构中的表面等离激元谐振和介质中的磁谐振纳入了相同的数学体系。本节将介绍 Mie 理论[4],并引入纳米结构中的散射、吸收和消光基本概念。

基于 Mie 散射理论[4],所有的散射的电磁响应都可以用有效电极化强度和磁极化强度进行表示。当光与纳米结构发生相互作用时,可在内部激励起电偶极子谐振或磁偶极子谐振,这些电偶极子与磁偶极子和光相互作用,又将导致纳米结构对光的散射与吸收特性变化。

下面将介绍单个纳米球中 Mie 理论的具体形式,设微球半径为 r_0,n 为纳米球折射率 n_p 与环境折射率 n_m 的比值,入射电磁场为线性偏振的平面波。将散射场的分布通过平面波展开后,可获得散射电场第 m 阶的电散射系数 a_m[4]:

$$a_m = \frac{n\psi_m(nx)\psi'_m(x) - \psi_m(x)\psi'_m(nx)}{n\psi_m(nx)\xi'_m(x) - \xi_m(x)\psi'_m(nx)} \tag{3.1.1}$$

其散射磁场第 m 级的电散射系数 b_m 则可写为：

$$b_m = \frac{\psi_m(nx)\psi'_m(x) - n\psi_m(x)\psi'_m(nx)}{\psi_m(nx)\xi'_m(x) - n\xi_m(x)\psi'_m(nx)} \tag{3.1.2}$$

式中，$x = \dfrac{2\pi n_m r_0}{\lambda}$，$\lambda$ 是入射光波长，ψ_m 和 ξ_m 是黎卡提-贝塞尔(Riccati-Bessel)函数。散射系数 a_m 和 b_m 分别与纳米球的电场和磁场响应相关。

对于纳米结构而言，其电偶极子谐振和磁偶极子谐振就相当于普通材料中振荡的原子，含有这种谐振子材料的散射特性，可以通过相应的等效介电系数或磁导率来描述。无损耗的一组无磁性微球（e_2 和 u_2）嵌入在背景基体（e_1 和 u_1）中构成的复合材料的电磁散射性质可以表现为一种材料叠加的散射响应。等效介电系数 ε_{eff} 和等效磁导率 μ_{eff} 的表达式如下：

$$\varepsilon_{\text{eff}} = \varepsilon_1 \left(1 + \frac{3\nu_f}{\dfrac{F(\theta) + 2b_e}{F(\theta) - b_e} - \nu_f} \right) \tag{3.1.3}$$

$$\mu_{\text{eff}} = \mu_1 \left(1 + \frac{3\nu_f}{\dfrac{F(\theta) + 2b_e}{F(\theta) - b_e} - \nu_f} \right) \tag{3.1.4}$$

$$F(\theta) = \frac{2(\sin\theta - \theta\cos\theta)}{(\theta^2 - 1)\sin\theta + \theta\cos\theta} \tag{3.1.5}$$

式中，$\nu_f = \dfrac{4}{3}\pi\left(\dfrac{r_0}{p}\right)^3$，$\theta = k_0 r_0 \sqrt{\varepsilon_2 \mu_2}$，$k_0$ 为自由空间中的波矢。

若式(3.1.3)和式(3.1.4)决定的等效介电系数 ε_{eff} 和等效磁导率 μ_{eff} 为负值，此时纳米结构可以产生谐振。

进一步定义光学截面，包括：光学散射截面、吸收截面和消光截面。光学截面具有面积的量纲，其中光学散射截面为纳米结构散射的功率与入射光功率密度之比，吸收截面为纳米结构吸收的功率与入射光功率密度之比，消光截面等于散射截面加吸收截面[5-6]。进一步可以定义光学效率为光学截面与结构的几何截

面的商,消光效率(Q_{ext})、散射效率(Q_{sca})和吸收效率(Q_{abs})的表达式如下:

$$Q_{ext} = \frac{2}{x^2} \sum_{n=1}^{\infty} (2n+1) \mathrm{Re}\left[a_n + b_n\right] \qquad (3.1.6)$$

$$Q_{sca} = \frac{2}{x^2} \sum_{n=1}^{\infty} (2n+1) \left[a_n^2 + b_n^2\right] \qquad (3.1.7)$$

$$Q_{abs} = Q_{ext} - Q_{sca} \qquad (3.1.8)$$

当外加的入射电磁场作用于球形金属纳米结构时,对于金属纳米颗粒的尺寸远小于入射电磁场的波长的情况下,其周围的电场表现为静场特征,称为准静态近似。在准静态近似条件下,纳米结构的光学截面可以表达为更为简单的形式。以半径为 a($a \ll \lambda$)的纳米球颗粒为例,求解其散射、吸收和消光截面。在 $E = E_0$ 的均匀静电场中,颗粒内部和外部电场分别为 E_{in} 和 E_{out},电势分别为 $\varphi_{in}(r, \theta)$ 和 $\varphi_{out}(r, \theta)$,则有

$$E_{in} = -\nabla \varphi_{in}, \quad E_{out} = -\nabla \varphi_{out}, \quad \nabla^2 \varphi_{in} = 0 (r < a), \quad \nabla^2 \varphi_{out} = 0 (r > a)$$
$$(3.1.9)$$

$$\varphi_{out} = -E_0 r \cos\theta + a^3 E_0 \frac{\varepsilon - \varepsilon_m}{\varepsilon + 2\varepsilon_m} \frac{\cos\theta}{r^2} \qquad (3.1.10)$$

由此可以看出,颗粒外部的势能 φ_{out} 可以认为是入射电场势能[式(3.1.10)等号右边第一项]和另一个偶极子势能[式(3.1.10)等号右边第二项]之和,该偶极子的势能为 $\varphi = \dfrac{p \cos\theta}{4\pi\varepsilon_m r^2}$,偶极矩为 $p = 4\pi\varepsilon_m a^3 \dfrac{\varepsilon - \varepsilon_m}{\varepsilon + 2\varepsilon_m} E_0$。 由此可以得到这个偶极子的极化率为:

$$\alpha = 4\pi a^3 \frac{\varepsilon - \varepsilon_m}{\varepsilon + 2\varepsilon_m} E_0 \qquad (3.1.11)$$

也就是说,当颗粒的尺寸远小于入射光波长的时候可以按偶极子近似处理,其极化率为颗粒的介电系数和半径的函数。进一步的推导可以得到该纳米颗粒的消光截面和散射截面:

$$C_{ext} = k \mathrm{Im}\{\alpha\} = 4ka^3 \mathrm{Im}\left\{\frac{\varepsilon - \varepsilon_m}{\varepsilon + 2\varepsilon_m}\right\} \qquad (3.1.12)$$

$$C_{\text{sca}} = \frac{k^4}{6\pi} |\alpha|^2 = \frac{8}{3} k^4 \pi a^6 \left| \frac{\varepsilon - \varepsilon_m}{\varepsilon + 2\varepsilon_m} \right|^2 \qquad (3.1.13)$$

式中，k 为入射光波矢。而吸收截面即为：

$$C_{\text{abs}} = C_{\text{ext}} - C_{\text{sca}} \qquad (3.1.14)$$

由此可以看出，消光截面与半径的 3 次方成正比，而散射截面与半径的 6 次方成正比。由此可见，对尺寸较大的颗粒，光散射占主要部分，对于尺寸较小的颗粒，光吸收占的比例较大。随着颗粒尺寸的变小，颗粒对光的吸收、散射强度都在减弱。而且散射强度比吸收强度减弱得更快。后文将以金属纳米结构中的局域表面等离激元共振、介质纳米结构中的磁谐振等为例，进一步介绍不同纳米颗粒的散射、吸收和消光性质。

3.2　局域表面等离激元共振

当金属纳米颗粒受到电磁波照射时，其表面的自由电子会随着入射电磁波产生集体振荡[7]，如图 3.2.1 所示。金属纳米颗粒表面的电子云受入射电磁波影响偏离原子核时，由于电子云和原子核之间存在库仑力，导致偏离的电子云重新往原子核方向移动。这样，原子核附近的电子云发生振荡，即产生了表面等离激元振荡，由于该振荡是局限在纳米结构中，因此也被称为局域表面等离激元（localized surface plasmon，LSP）。当入射电磁波的频率与金属纳米颗粒表面自由电子的固有频率相同时，便会形成局域表面等离激元共振（localized surface plasmon resonance，LSPR）。

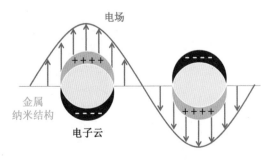

图 3.2.1　金属纳米颗粒在电磁波激励下的局域表面等离激元示意图

3.2.1　金属的介电系数模型

从宏观效应看,物质对电磁场的响应可分为极化、磁化和传导三种现象。对介质施加电场时,介质极化和传导作用都产生感应电荷而削弱电场。介质中的电场减小与原外加电场(真空中)的比值即为相对介电系数,与频率相关。电介质的电极化损耗 ε'' 即为复介电系数的虚部,材料的欧姆损耗 σ 以负虚数形式反映在材料的本构关系中。当材料同时存在电极化损耗和欧姆损耗时,其等效复介电系数表示为:

$$\varepsilon_c = \varepsilon' - \mathrm{i}(\varepsilon'' + \sigma/\omega) \tag{3.2.1}$$

介电系数 ε' 和电极化损耗 ε'' 在高频电磁场中为频率 ω 的函数[8]。

为了精确描述金属的介电系数,最早提出的是德鲁德模型,主要考虑了金属中的自由电子,随后,洛伦兹进一步考虑了金属中的内层束缚电子,提出了德鲁德–洛伦兹(Drude-Lorentz)模型,后续还陆续提出了布伦德尔–鲍曼(Brendel-Bormann)模型用以更精确地描述 Al 等金属中的带间吸收[9],此处仅介绍德鲁德–洛伦兹模型。

对于金属体材料而言,其介电系数是由自由电子和内层束缚电子的共同贡献组成:

$$\hat{\varepsilon} = \hat{\varepsilon}_f + \hat{\varepsilon}_b \tag{3.2.2}$$

式(3.2.2)中 $\hat{\varepsilon}_f$ 可表示为 $\hat{\varepsilon}_f = 1 - \dfrac{\omega_p^2}{\omega\left(\omega + \dfrac{\mathrm{i}}{\tau}\right)}$,$\tau$ 表示体材料表面自由电子的弛豫时间,ω 表示电磁波的频率,ω_p 表示等离子体频率,γ 为阻尼系数,描述了介电材料中电荷振动的能量损耗。将其分解成实部及虚部,则可表示为:

$$\varepsilon_r(\omega) = 1 - \frac{\omega_p^2}{\omega^2 + \gamma^2} \tag{3.2.3}$$

$$\varepsilon_i(\omega) = \frac{\omega_p^2 \gamma}{\omega^3 + \gamma^2 \omega} \tag{3.2.4}$$

但是涉及介电系数的尺寸效应时,内层束缚电子的贡献通常被忽略。结合上式则能够获得:

$$\varepsilon(\omega, l_{\text{eff}}) = \varepsilon_{\text{bulk}} + \frac{\omega_p^2}{\omega^2 + i\omega\gamma_0} - \frac{\omega_p^2}{\omega^2 + i\omega\left(\gamma_0 + A\dfrac{v_f}{l_{\text{eff}}}\right)} \qquad (3.2.5)$$

式中，γ_0 是无尺寸限制时的阻尼系数，反映了电子散射导致的能量损失，v_f 是金属费米速度，l_{eff} 是有效限制长度，A 为比例系数。

　　一般情况下，金属体材料的介电系数能够在固体物理手册中查到，经过式（3.2.5）的计算修正可获得与尺寸相关的介电系数。图 3.2.2 所示是常见金属的介电系数，常见金属的介电系数实部为负，而虚部在可见光波段均小于 10，其中银纳米材料的虚部接近 0.1，被认为是可见光波段损耗较小的等离激元材料[10]。另外，金属的介电系数也会随着温度的改变而改变，需要根据其应用场合来确定合适的介电系数值[11]。

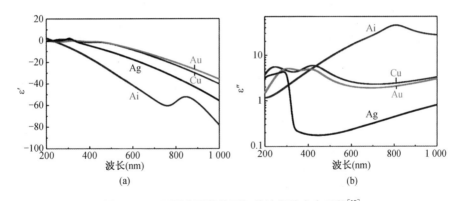

图 3.2.2　不同金属紫外到红外波段的介电系数[10]

3.2.2　表面等离激元纳米结构中的散射、吸收和消光

　　由式（3.1.9）～式（3.1.11）可得 40 nm 的银纳米球在水中的光谱，如图 3.2.3 所示。其中，光学系数（optical coefficient）定义为光学截面与其几何截面的商。由于银纳米球的消光系数峰值约为 10，因此可以认为银纳米球可以与 10 倍于其几何面积的光进行相互作用，说明纳米球在 LSPR 谐振时，入射光与深度亚波长尺度的纳米结构发生了强烈的相互作用[12]。

　　当金属纳米颗粒的尺寸较大时，则出现更高级次的 LSPR 模式，特别是四极子共振，采用类似的计算方法，对拉普拉斯方程求解，四极子共振时的球形金属纳米颗粒外场强为：

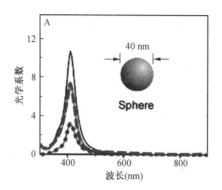

图 3.2.3 40 nm 银纳米球的散射、吸收、消光谱[12]

$$E_{out} = E\hat{x} + ikE_0(x\hat{x} + z\hat{z}) - \alpha E_0\left[\frac{\hat{x}}{r^3} - \frac{3x}{r^5}(x\hat{x} + y\hat{y} + z\hat{z})\right] -$$

$$\beta E_0\left[\frac{x\hat{x} + z\hat{z}}{r^5} - \frac{5z}{r^7}(x^2\hat{x} + y^2\hat{y} + xz\hat{z})\right] \quad (3.2.6)$$

其中极化率 $\beta = g_q a^5$，而 $g_q = \dfrac{\varepsilon_m - \varepsilon_0}{\varepsilon_m + 3/2\varepsilon_0}$，那么消光和散射效率可写为：

$$Q_{ext} = 4x\,\mathrm{Im}\left[g_d + \frac{x^2}{12}g_d + \frac{x^2}{30}(\varepsilon_m - 1)\right] \quad (3.2.7)$$

$$Q_{sca} = \frac{8}{3}x^4\left\{|g_d|^2 + \frac{x^2}{240}|g_d|^2 + \frac{x^4}{900}|\varepsilon_m - 1|^2\right\} \quad (3.2.8)$$

由图 3.2.4 可知，当球形金属纳米颗粒的尺寸 $2R = 50\ \mathrm{nm}$ 时，在入射电磁波的激发下，球形金属纳米颗粒将产生偶极 LSPR 局域场，电场局域在球

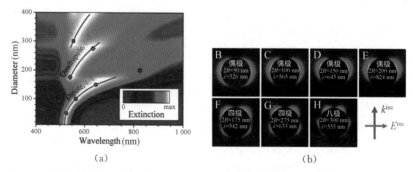

（a）　　　　　　　　　　　（b）

图 3.2.4 （a）不同尺寸的球形金属纳米颗粒消光谱；（b）不同尺寸的球形金属纳米颗粒
电偶极子、电四极子、电八极子在共振时的电场分布图[13]

形金属纳米颗粒的表面且与电磁波的偏振方向一致,而当球形金属纳米颗粒的尺寸增大到 $2R = 175$ nm 时,除了偶极子辐射场外,还出现了四极子辐射场[13]。

　　所谓的局部表面等离激元共振(LSPR)时,是电磁波与所述纳米结构表面发生等离激元共振。LSPR 特性高度依赖于纳米结构的形状、尺寸和材料特性。如图 3.2.5 所示,具有不同形状的银纳米结构具有不同的散射和吸收光谱[7]。例如,银纳米球和纳米立方体的散射系数与吸收系数数值相当,而四面体和八面体的散射系数远远小于吸收系数。纳米结构的散射会增强表面等离激元的辐射衰减。随时间变化的纳米结构的偶极(或高阶)矩是影响散射的主要因素,它们由等离激元材料的粒径和电子密度决定。

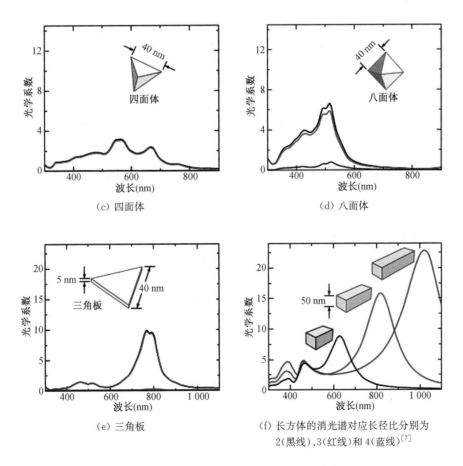

(c) 四面体　　　　　　　　　(d) 八面体

(e) 三角板　　　(f) 长方体的消光谱对应长径比分别为
　　　　　　　　　2(黑线)、3(红线)和 4(蓝线)[7]

图 3.2.5　不同形状的纳米结构的光谱[7]

3.2.3 表面等离激元局域场增强效应

在产生局域表面等离激元共振的区域附近,颗粒被强增强的、高度局域化的电磁场所包围。纳米颗粒上或附近的局部场(E_{loc})为入射场(E)和振荡电子的诱导场之和,即 E_{loc} 通常高于原场(E),局域场增强因子 $f(v)$ 由 $f(v) = E_{loc}/E$ 定义[14]。

如图 3.2.6 所示,现有半径为 a 的均匀、各向同性的球形金属纳米颗粒,假设入射光为线偏振光,其波长为 λ,入射场表示为 $\boldsymbol{E}_0$,且 $\boldsymbol{E}_0 = E_0 \hat{x}$,那么球形金属纳米颗粒周围的电场强度可以根据拉普拉斯方程进行求解。$\nabla^2 \varphi = 0$,$\boldsymbol{E}_0 = -\nabla \varphi$,可以引入下面两个边界条件:①电位 $\boldsymbol{D}$ 的法相分量连续,②球的表面静电势连续,其中 $\boldsymbol{D} = \varepsilon \boldsymbol{E}$。

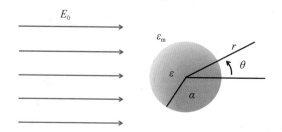

图 3.2.6 处于静电场中的球形金属纳米颗粒示意图

对于偶极子共振的情况,如果颗粒的尺寸较小,则满足静电场近似,主要表现为偶极子激发,球谐函数的角量子数 $l = 1$,光场沿着 x 的方向入射,那么球形金属纳米颗粒内外的电势可以表示为:

$$\varphi = Ar\sin\theta\cos\varphi, \quad (r < a) \tag{3.2.9}$$

$$\varphi = (-E_0 r + B/r^2)\sin\theta\cos\varphi, \quad (r > a) \tag{3.2.10}$$

式中 A, B 表示待定系数,将解代入边界条件则可求得球形金属纳米颗粒的外场强为:

$$\boldsymbol{E}_{out} = E_0 \hat{x} - \alpha E_0 \left[\frac{\hat{x}}{r^3} - \frac{3x}{r^5}(x\hat{x} + y\hat{y} + z\hat{z}) \right] \tag{3.2.11}$$

式中,α 表示极化率,第一项表示入射光场,第二项表示偶极子场,对于球形金属纳米颗粒,拉普拉斯方程给出 $\alpha = g_d a^3$,其中 $g_d = \dfrac{\varepsilon_m - \varepsilon_0}{\varepsilon_m + 2\varepsilon_0}$,其物理意义在于,它描述了颗粒在电磁波入射下,由于电荷分布的非均匀性产生的电偶极子强度,被称为偶极响应函数。ε_m 和 ε_0 分别表示金属和周围介质环境的介电系数,由上文可知,金属的介电系数又可写为 $\varepsilon_m = \varepsilon_1 + i\varepsilon_2$,且当在可见光波段,部分金属纳米结构的介电系数实部 ε_1 为负,而 ε_2 接近于 0,且 $\varepsilon_1 + 2\varepsilon_0 = 0$ 此时,金属纳米结构的极化率可远大于 1,此时金属纳米结构的表面可获得数十倍的电场增强。

对于形貌不规则的纳米结构通常难以用准静态近似进行计算,随着纳米光子学的发展,人们现在可以使用数值仿真方法对更加复杂纳米结构的光学性质进行计算[15],也可以通过实验加工出不同形貌的纳米结构,这些成果大大加深了人们对纳米结构中谐振效应的认知。例如,对于带有尖端的纳米结构而言,尖端部位在发生共振时分布有更高的电场强度,这些部位被称为"热点"。"热点"受到金属纳米结构的影响,尖端越多,"热点"越多,尖端越尖锐,"热点"越强。如图 3.2.7(a)和(b)所示为银纳米三角板在不同入射光偏振下的电场分

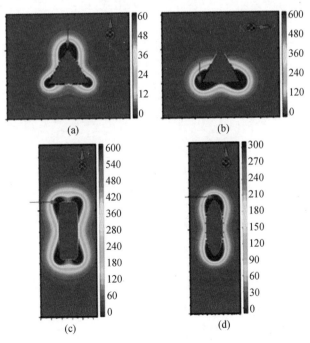

图 3.2.7　不同形貌金属纳米颗粒的电场分布[16]

布,可见其在纳米板的尖端处出现了强烈的电场增强;在图 3.2.7(c)中的纳米棒及图 3.2.7(d)中的纳米"米粒"结构中,同样可以观察到在尖端区域的电场增强[16]。"热点"对于 LSPR 增强效应的应用非常重要,如表面增强荧光、表面增强拉曼散射、单分子检测、纳米激光器等。当简单的球形颗粒转变为复杂的纳米环、纳米片、纳米棒、三角棱柱等,"热点"将会更加明显。

当两个或多个纳米颗粒相互靠近时,形成具有小纳米间隙的结构时,颗粒间的 SPR 会发生耦合,并会在间隙处产生额外的电磁场增强。研究表明,纳米间隙结构所表现出的光电特性受颗粒等离激元增强和颗粒间 SPR 耦合的共同影响。基于经典振动模型,这种情况可以通过引入两个被弹簧连接的独立的振动系统来模拟。设第 i 个振子的非辐射阻尼系数固有角频率和所受驱动外力分别为 $\gamma_i \omega_i$ 和 $f_i e^{-i\omega t}$,弹簧间的相互作用系数为 ν_{12},则振子 i 偏离平衡位置的位移 x_1 满足:

$$\ddot{x}_1 + \gamma_1 \dot{x}_1 + \omega_1^2 x_1 + \nu_{12} x_2 = f_1 e^{-i\omega t} \qquad (3.2.12)$$

$$\ddot{x}_2 + \gamma_2 \dot{x}_2 + \omega_2^2 x_2 + \nu_{12} x_1 = f_2 e^{-i\omega t} \qquad (3.2.13)$$

在稳定状态下,令 $x_i = x_i(t) e^{-i\omega t}$,代入上式,得:

$$x_1(t) = C_1(\omega) e^{-i\omega t} = \frac{f_2 \nu_{12} + f_1 (\omega_2^2 - \omega^2 - i\gamma_2 \omega)}{(\omega_1^2 - \omega^2 - i\gamma_1 \omega)(\omega_2^2 - \omega^2 - i\gamma_2 \omega) - \nu_{12}^2} e^{-i\omega t}$$

$$(3.2.14)$$

则系统的合振动为:

$$x = x_1 + x_2 = \frac{f_1 (\omega_2^2 - \omega^2 - i\gamma_2 \omega + \nu_{12}) + f_2 (\omega_1^2 - \omega^2 - i\gamma_1 \omega + \nu_{12})}{(\omega_1^2 - \omega^2 - i\gamma_1 \omega)(\omega_2^2 - \omega^2 - i\gamma_2 \omega) - \nu_{12}^2} e^{-i\omega t}$$

$$(3.2.15)$$

则外力在一个周期内对振动系统的平均功率可表示为

$$\overline{P}(\omega) \propto \omega^2 |C_1 + C_2|^2 \qquad (3.2.16)$$

由于金属纳米颗粒之间的相互耦合作用,使得两个金属纳米颗粒之间的局域电磁场增强非常大,可以达到 $10^4 \sim 10^5$ 倍(图 3.2.8)[17],比单个金属纳米颗粒的电磁场增强提高两到三个数量级。但是,随着二者之间距离的靠近,一个偶极子的辐射场会对另外一个偶极子造成破坏,从而使自由电子的作用力降低,即随着间距的变小,它们的共振频率会发生红移。

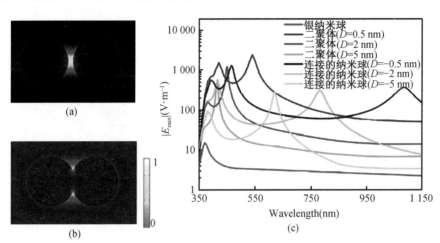

图 3.2.8 两个球形金属纳米颗粒组成二聚体的电场分布及 **LSPR** 共振谱。(a)和(b)不同间距金属纳米颗粒的电场分布图;(c)不同间距金属纳米颗粒的 **LSPR** 共振谱[17]

3.3 表面等离激元晶格共振

通过分散的金属纳米结构的散射场的耦合,可产生颗粒的集体共振效应,也称为表面等离激元晶格共振(surface plasmon lattice resonance, SPLR)[18]。若纳米颗粒是随机分布的,不同纳米结构散射场具有非特定的相位关系,则对宏观散射场的影响较小。但是,当金属纳米结构排列成周期性阵列,其中周期等于入射光的波长,则在适当的条件下,其他纳米颗粒的散射场可以与入射光同相。此时,散射场为阵列平面内入射光的衍射。通过适当地调整阵列周期,可以大大提高共振的品质因数,此时发生表面等离激元晶格共振,也称为衍射耦合局部表面等离子体激元共振,会导致共振宽度明显变窄(小至几纳米)。

耦合偶极子近似(coupling dipole approximation, CDA)是有助于预测衍射耦合共振并阐明其基本特性[19]。将 N 个纳米颗粒(NPs)的阵列近似简化为一系列的电偶极子组成。考虑 N 个颗粒的阵列其极化率和位置分别表示为 α_i 和 r_i。 在每个颗粒中,将被诱导产生偶极子 $P_i = \alpha_i E_{\mathrm{loc},i}$,其中 $E_{\mathrm{loc},i}$ 是纳米颗粒位置 r_i 的局部场。这局部场 $E_{\mathrm{dipole},i}$ 是入射场 $E_{\mathrm{inc},i}$ 和由另外 $N-1$ 个偶极

子造成的延时场 $\boldsymbol{E}_{\mathrm{dipole},i}$ 的和。给定波长 λ，该场可写为：

$$\boldsymbol{E}_{\mathrm{loc},i} = \boldsymbol{E}_{\mathrm{inc},i} + \boldsymbol{E}_{\mathrm{dipole},i} = \boldsymbol{E}_0 \exp(\mathrm{i}k \cdot r_i) - \sum_{j=1}^{N} \boldsymbol{A}_{ij} \cdot \boldsymbol{P}_j$$

$$(i=1, 2, \cdots, N, \; j=1, 2, \cdots, N, \; i \neq j) \qquad (3.3.1)$$

式中，$\boldsymbol{E}_0$ 和 $k=2\pi/\lambda$ 分别是振幅和入射平面波的波数。偶极相互作用矩阵 $\boldsymbol{A}_{ij}$ 可表示为

$$\boldsymbol{A}_{ij} \cdot \boldsymbol{P}_j = k^2 \exp(\mathrm{i}k \cdot r_{ij}) \frac{\boldsymbol{r}_{ij} \times (\boldsymbol{r}_{ij} \times \boldsymbol{P}_j)}{r_{ij}^3} + \exp(\mathrm{i}k \cdot r_{ij})$$

$$(1 - \mathrm{i}k \cdot r_{ij}) \frac{\left[r_{ij}^2 \boldsymbol{P}_j - 3\boldsymbol{r}_{ij} (\boldsymbol{r}_{ij} \cdot \boldsymbol{P}_j) \right]}{r_{ij}^5},$$

$$(i=1, 2, \cdots, N, \; j=1, 2, \cdots, N, \; i \neq j) \qquad (3.3.2)$$

式中，r_{ij} 是来自偶极子的向量。为了获得极化矢量，需要使用 $3N$ 个方程形式的 $\boldsymbol{A}_{ij}\boldsymbol{P}_i = E_j$ 来求解。通过假设可以很容易地发现，每个颗粒的感应极化是相同的，每个颗粒的极化率 P 为：

$$P = \frac{E_0}{1/\alpha_S - S} \qquad (3.3.3)$$

$$C_{\mathrm{ext}} = 4\pi k \, \mathrm{Im}(P/E_0) \qquad (3.3.4)$$

式中，C_{ext} 为在这种纳米颗粒阵列中产生的消光截面，S 是偶极和，可由下式表示，

$$S = \sum_{i \neq j} \left[\frac{(1 - \mathrm{i}k \cdot r_{ij})(3\cos^2 \theta_{ij} - 1) \exp(\mathrm{i}k \cdot r_{ij})}{r_{ij}^3} + \frac{k^2 \sin^2 \theta_{ij} \exp(\mathrm{i}k \cdot r_{ij})}{r_{ij}} \right]$$

$$(3.3.5)$$

式中，θ_{ij} 是 r_{ij} 和入射电场偏振方向之间的夹角。

图 3.3.1 展示了一个颗粒和一维颗粒的周期性链[19]，以及计算出的法向入射透射光谱（单个颗粒光谱通过相同数量的链中的单个颗粒）。这些光谱代表所描述现象的实质是 SPLR 在纳米链中观察到的强于单个纳米颗粒的吸收，其在共振位置的透射谱降低了 70%，而单个纳米颗粒的透射强度仅下降 20%。与此同时，一维纳米链透射谱的半高宽仅为 $14\,\mathrm{nm}$，而单个纳米颗粒的半高宽为 $130\,\mathrm{nm}$，纳米链共振品质因子提高近 10 倍。

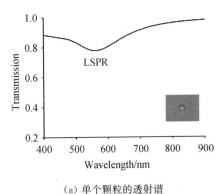

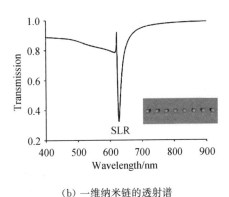

（a）单个颗粒的透射谱　　　　　　　（b）一维纳米链的透射谱

图 3.3.1　单个颗粒和一维纳米链的透射谱[19]

当纳米结构的排布由一维转向二维、三维，颗粒排布进一步变为密排时，类似于晶体中的原子排列，此时的结构被称为表面等离激元纳米颗粒晶体，其间甚至会产生深度强耦合的表面等离激元，性质就会产生全新的变化[20]。

3.4　磁谐振介质纳米结构

根据 Mie 理论，金属纳米颗粒折射率较低，所以只能激发出电谐振（偶极谐振和四极谐振等），只有在被设计成特定的结构时才能激发出磁谐振。介质材料由于折射率较高，所以单个纳米颗粒就可以激发出磁偶极子。

当全电介质纳米颗粒中的有效光波长与纳米颗粒直径 D 相当时，颗粒中束缚电子振荡产生位移电流，从而使纳米颗粒的相对侧具有反向平行的电场极化，而磁场 B 在中间上下振荡，如图 3.4.1 所示[21]。这些位移电流没有欧姆阻尼，减少了光学纳米谐振器的非辐射损耗。

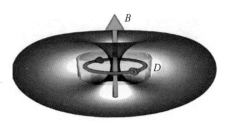

图 3.4.1　高折射率介质纳米结构中的磁谐振[21]

电介质纳米颗粒可认为是支持一系列电磁共振本征模的开放谐振器。球形纳米颗粒对平面波的衍射（Mie 散射）表明纳米颗粒支持不同阶次的电磁本征模式。入射光波和本征模之间的耦合强度取决于电介质纳米颗粒的尺寸参数 $x = k_0 nR$，其中 n 为纳米颗粒的折射率，k_0 为入射波在自由空间内的波数，

R 为纳米颗粒的半径。如果 $x=1$，其衍射性质可以用瑞利近似描述。随着 x 的增加（$1<x<4$），基本磁偶极子（md）共振会出现在颗粒电磁响应中。随着 x 的进一步增加，磁偶极子共振处的颗粒散射场与磁偶极子的辐射场相对应增加，第一阶电偶极子（ed）共振形成。对于更大尺寸的纳米颗粒，则激发出更高阶（磁四极（mq））的多极模式[22]，如图 3.4.2 所示。

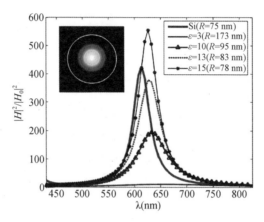

图 3.4.2　不同介电系数、尺寸材料的介质纳米球磁谐振增强谱[22]

介电纳米颗粒减少了耗散损耗，提升了电场和磁场的谐振强度。如图 3.4.3 所示，尺寸 100～300 nm 的硅（Si）纳米球，共振范围可以从可见光拓展到近红外波段[23]。尽管硅并非完全无损材料，但是它在可见光谱中的吸收率比金属更低，这使其成为研究 Mie 共振的理想材料。

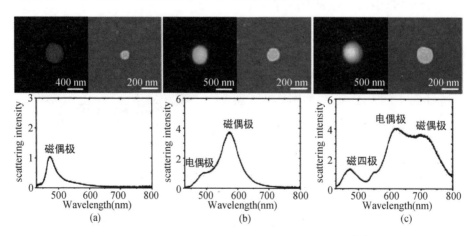

图 3.4.3　不同尺寸的 Si 颗粒的散射像和散射谱[23]

参考文献

［1］Akahane Y，Asano T，Song B S，et al. High-Q photonic nanocavity in a two-dimensional photonic crystal［J］. Nature，2003，425：944-947.

［2］Khurgin，Jacob B J N N. How to deal with the loss in plasmonics and metamaterials［J］. Nat Nanotechnol 2015，10(1)：2-6.

［3］Mie G. Articles on the optical characteristics of turbid tubes，especially colloidal metal solutions［J］. Annalen Der Physik，1908，25(3)：377-445.

［4］Born M A X，Wolf E. Chapter XIII — optics of metals［M］//Born M A X，Wolf E. Principles of optics (sixth edition). Pergamon. 1980：611-664.

［5］童廉明，徐红星.表面等离激元：机理、应用与展望［J］.物理，2012，41(9)：7.

［6］Jain P K，Lee K S，El-Sayed I H，et al. Calculated absorption and scattering properties of gold nanoparticles of different size，shape，and composition：Applications in biological imaging and biomedicine［J］. Journal of Physical Chemistry B，2006，110(14)：7238-7248.

［7］Lu X M，Rycenga M，Skrabalak S E，et al. Chemical synthesis of novel plasmonic nanoparticles［J］. Annual Review of Physical Chemistry，2008，60(1)：167-192.

［8］谢处方，饶克谨.电磁场与电磁波［M］.4版.北京：高等教育出版社，2006.

［9］Rakić A，Djurišić A，Elazar J，et al. Optical properties of metallic films for vertical-cavity optoelectronic devices［J］. Applied Optics，1998，37(22)：5271.

［10］Gwo S，Chen H-Y，Lin M-H，et al. Nanomanipulation and controlled self-assembly of metal nanoparticles and nanocrystals for plasmonics［J］. Chemical Society Reviews，2016，45(20)：5672-5716.

［11］Zhang X Y，Zhang T，Hu A M，et al. Tunable Microring Resonator Based on Dielectric-Loaded Surface Plasmon Polariton Waveguides［J］. Journal of Nanoscience and Nanotechnology，2011，11(12)：10520-10524.

［12］Wiley B J，Im S H，Li Z Y，et al. Maneuvering the Surface Plasmon Resonance of Silver Nanostructures through Shape-Controlled Synthesis［J］. The Journal of Physical Chemistry B，2006，110(32)：15666-15675.

［13］Myroshnychenko V，Rodríguez-Fernández J，Pastoriza-Santos I，et al. Modelling the optical response of gold nanoparticles［J］. Chemical Society Reviews，2008，37(9)：1792-1805.

［14］Giannini V，Fernández-Domínguez A I，Heck S C，et al. Plasmonic Nanoantennas：Fundamentals and Their Use in Controlling the Radiative Properties of Nanoemitters

［J］. Chemical Reviews，2011，111(6)：3888-3912.

［15］ Zhao J，Pinchuk A O，Mcmahon J M，et al． Methods for Describing the Electromagnetic Properties of Silver and Gold Nanoparticles［J］. Accounts of Chemical Research，2008，41(12)：1710-1720.

［16］ Radziuk D，Moehwald H. Prospects for plasmonic hot spots in single molecule SERS towards the chemical imaging of live cells［J］. Physical Chemistry Chemical Physics，2015，17(33)：21072-21093.

［17］ Zhang T，Zhang X Y，Wang L D，et al． Fabrication and Optical Spectral Characterization of Linked Plasmonic Nanostructures and Nanodevices［J］. Materials Transactions，2013，54(6)：947-952.

［18］ Ross M B，Mirkin C A，Schatz G C. Optical properties of One-，Two-，and Three-Dimensional Arrays of Plasmonic Nanostructures［J］. The Journal of Physical Chemistry C，2016，120(2)：816-830.

［19］ Kravets V G，Kabashin A V，Barnes W L，et al． Plasmonic Surface Lattice Resonances：A Review of Properties and Applications［J］. Chemical Reviews，2018，118(12)：5912-5951.

［20］ Mueller N S，Okamura Y，Vieira B G M，et al． Deep strong light-matter coupling in plasmonic nanoparticle crystals［J］. Nature，2020，583(7818)：780-784.

［21］ Kruk S，Kivshar Y. Functional Meta-Optics and Nanophotonics Governed by Mie Resonances［J］. ACS Photonics，2017，4(11)：2638-2649.

［22］ Evlyukhin A B，Novikov S M，Zywietz U，et al． Demonstration of Magnetic Dipole Resonances of Dielectric Nanospheres in the Visible Region［J］. 2012，12（7）：3749-3755.

［23］ Kuznetsov A I，Miroshnichenko A E，Brongersma M L，et al． Optically resonant dielectric nanostructures［J］. Science 2016，354：aag2472.

第四章

超材料

传统的光学元件基于光波的折射和反射原理,对入射光进行调制,实现工作光波前的聚焦、成像、分色等光学功能。它们被称为第一代光学元件,通过光程的积累来实现相位的改变,相位变化与光学元件的厚度成正比,因此传统光学元件的尺寸通常为工作波长的几百倍甚至上千倍,体积庞大、质量大、功能单一。20世纪60年代,随着激光的发明、全息学的建立,特别是微电子加工技术的进步,推动了光学技术的高速发展。在20世纪80年代中期,美国麻省理工学院(MIT)林肯实验室的 Veldkamp 研究组提出"二元光学"的概念[1]。衍射光学元件是第二代光学元件,采用标量衍射理论对其进行性能分析和设计。衍射光学元件对入射光的相位调制实质上还是光程的积累,其变薄的思想在于摒弃了光学元件中冗余的 2π 相位。相对于上一代光学元件,其特征尺寸稍大于光波波长,具有体积小、质量轻、结构紧凑、易于复制、成本低廉等优点。

但基于衍射光学原理设计和加工其器件的体积仍十分庞大,为进一步减小光学元件的厚度,需要探索新的结构或机制。21世纪,基于人工亚波长微纳结构排列组成的"超材料"(metamaterials)应运而生[2],这类具有特殊性质的人造材料被称为第三代光学元件。这种人工超材料通常具备自然材料所不具备的超常电磁特性,如负介电常数、负磁导率等。超材料的电磁响应不仅取决于组成介质的固有材料属性,而且和微纳结构的尺寸、形状及排列组合方式密切相关。通过合理地设计超材料的内部物理结构,可以实现对入射电磁波的超常调控,从而获得传统光学材料不具备的奇异功能。

超材料的概念起源于负折射率的左手材料,随后人们通过对不同物理参数的材料进行结构设计和组合,提出了各种具有奇异性质和功能的超材料。超表面可以看作是超材料的二维形式,通常被定义为在电磁波传播方向上只有一层或几层单元结构(周期性或非周期性排列)的一类超材料[3],具有体积小、质量小等优势,并且能够展现出和三维超材料类似的电磁调控能力。本章介绍的超材料涵盖了经典的负折射率左手材料和二维超表面,讨论了超材料研究在理论发展、应用创新等方面取得的显著进展。

4.1　左手材料

左手材料(left-handed materials,LHM)是一种介电常数和磁导率在一定频率范围内同时为负值的超材料,这种材料通常无法在自然界中找到,只能由人工制备。左手材料中的"左手"二字指的是电磁波的电场 E、磁场 H 和波矢 k 这三个矢量构成左手正交关系,这与普通材料所满足的右手关系不同,在左手材料中坡印廷矢量($S = E \times H$)和波矢 k 的方向相反,即相速度和能流的方向相反。

左手材料的概念最早由苏联物理学家 Veselago 在 1968 年理论提出[4],2001 年美国加州大学圣地亚哥分校的 Shelby 等人首次制备出微波波段的左手材料[5]。左手材料的相关理论研究与应用拓展已成为当今全世界科学界关注的焦点领域之一,其应用波段已逐渐拓展至太赫兹、红外以及可见光波段。

4.1.1　左手材料的基本概念

在电磁波理论中,由麦克斯韦方程得到折射率可表示为:

$$n^2 = \varepsilon\mu \tag{4.1.1}$$

一般材料的介电常数 ε 和磁导率 μ 都为正,折射率可表示为 $\sqrt{\varepsilon\mu}$。Veselago 首先考虑了在给定频率下介质具有负介电常数和负磁导率的情况[4],并认为该类介质(左手材料)具有负折射率。尽管 Veselago 指出了左手材料的几个新颖的效应,比如负折射率、逆多普勒频移和逆切伦科夫辐射,但由于现实中同时具有负 ε 和负 μ 的材料并不存在,且左手材料的物理原理与传统电磁理论的"标准"概念有所不同,在很长时间内科学界对此存在较大争议。直到 20 世纪 90 年代,研究者通过实验验证了结构光子介质在一定频率范围内 ε 和 μ 可变为负值的理论,这使得 Veselago 的理论成为人们关注的焦点。在过去的 20 多年里,这一领域已经成为科学研究和争论的热门话题。

介电常数和磁导率可表征介质对外加电场和磁场的宏观响应,对于单色平面谐波 $\exp[\mathrm{i}(k \cdot r) - \omega t]$,其在各向同性无源介质中满足的麦克斯韦方程如下:

$$k \times E = \omega\mu H \tag{4.1.2a}$$

$$k \times H = -\omega\varepsilon E \tag{4.1.2b}$$

在式(4.1.2a)和式(4.1.2b)中,E 和 H 分别为电场和磁场。对于某种介质,如果 ε 和 μ 的实部为负,而虚部在某个频率 ω 下很小(可以忽略不计),那么

电场 E、磁场 H 和波矢 k 将构成左手正交关系,这类材料也被普遍称为左手材料。从波矢的定义可以看出,当 ε 和 μ 的实部为负时,折射率也为负。与只有 ε 或 μ 为负值的介质相比,左手材料中传播的电磁波具有反向波矢。只有 ε 或 μ 为负值的介质中不存在任何传播模式,由于 $k^2 < 0$,电磁波在这类介质中表现为快速衰减的倏逝波。在左手材料中,坡印廷矢量 S 和相位矢量 k 是反平行的,允许反向波在其内部传播。

4.1.2　左手材料的典型特性

1. 负折射效应

当单色平面波入射到两种不同介质的分界面时,会发生反射和折射现象,如图 4.1.1 所示。电磁波需满足的边界条件可表示为如下的连续性方程:

$$E_{1t} = E_{2t}, \quad H_{1t} = H_{2t} \tag{4.1.3a}$$

$$\varepsilon_1 E_{1n} = \varepsilon_2 E_{2n}, \quad \mu_1 H_{1n} = \mu_2 H_{2n} \tag{4.1.3b}$$

电磁波的折射规律可由式(4.1.3a)和式(4.1.3b)求解得出,斯涅尔折射定律可表示为:

$$n_1 \sin \theta_1 = n_2 \sin \theta_2 \tag{4.1.4}$$

对于普通介质而言($\varepsilon > 0, \mu > 0$),入射光线和折射光线分别位于法线两侧,该现象即称为"正折射"。而对于左手材料而言,由式(4.1.3a)可知切向分量不会受到介电常数和磁导率的影响,能够维持原方向,而从式(4.1.3b)可以得知,电磁场的法向分量会受到 ε、μ 符号及大小的影响,从而使得传播方向发生改变。因此,当电磁波入射到左手材料界面时,折射光线与入射光线位于法线同侧,即折射角为负值,而波矢 k 与能流密度 S 方向相反,故波矢 k 沿着折射光线的反方向传播,该现象被称为左手材料的"负折射效应"[1]。

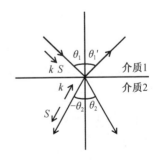

图 4.1.1　界面处折射示意图

2. 逆多普勒效应

多普勒(Doppler)效应指的是当探测器相对于波源移动时接收到的频率会发生变化。假定移动波源在介质中以某一频率 ω 发射电磁波,相对于介质的

速度为 v。探测器接收到的频率为：

$$\omega' = \gamma(\omega + \boldsymbol{k} \cdot \boldsymbol{v}) \tag{4.1.5}$$

式(4.1.5)中，$\gamma = (1 - v^2/c^2)^{-1/2}$，表示相对论因子。$|\boldsymbol{k}| = n\omega/c$，对于介质中沿着源的运动方向传播的电磁波：

$$\omega = \sqrt{\frac{c-v}{c+v}} \tag{4.1.6}$$

当电磁波在介质（$n > 1$）中传播时，若波源和探测器相向运动，探测器接收到的频率会升高，反之则会降低。而电磁波在左手材料（$n = -1$）中传输时，由于能量和相位的传输方向相反，因此当波源向探测器移动时，探测器测得的频率会降低，这和在介质（$n > 1$）中的频率升高情况是相反的。左手材料中的反向相位矢量导致了这种逆多普勒效应。

3. 逆切伦科夫辐射

以相对论速度通过介质的带电粒子，如果其速度超过介质中的光速，则粒子周围诱导电流形成的次波源会互相干涉，从而发出圆锥状的切伦科夫(Cherenkov)辐射。该辐射仅在该方向上构成相长干涉，而在所有其他方向上构成相消干涉。如图 4.1.2(a)所示，在普通介质中，电磁波能量是向前辐射的，等相面形成一个向后的锥角，能量辐射和粒子运动方向间的夹角为锐角 θ，它满足以下条件：

$$\cos\theta = \frac{c}{nv} \tag{4.1.7}$$

然而，由于左手材料具有反向相位矢量，这个夹角在相长干涉时变为钝角（$\theta \rightarrow \pi - \theta$），因此能量辐射方向与粒子运动方向相反，形成一个向前的锥角，如图 4.1.2(b)所示。实际上，由于左手材料的色散，在不同频率下会出现前向和后向切伦科夫辐射[6]。切伦科夫辐射的修正锥角已在具有负折射效应的光子晶体中被通过计算证明[7]。

4. 反常古斯-汉森位移

当光从光密度较大的介质 1 入射到光密度较小的介质 2 时(折射率 $n_1 > n_2$)，存在临界入射角 θ_c，超过这个角度，介质 2 中的波就会消失，电磁波完全反射回介质 1 中。对于一束横向范围有限的光而言，存在着光束在横向上的

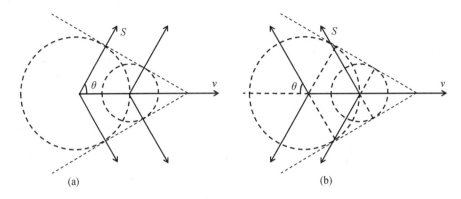

图 4.1.2　（a）正常切伦科夫辐射；（b）逆切伦科夫辐射

位移，这是由于电磁波并非由界面直接反射，而是渗入介质 2 一定深度，并沿着界面传播波长量级的距离后重新返回介质 1。这种位移通常发生在波矢量的平行分量上，位移和电磁波传播方向同向，Goos 和 Hänchen 首先通过实验证明了这一点[8]，称为古斯-汉森（Goos-Hänchen）位移。但由于左手材料的相速度反向，所以发生在左手材料与普通介质界面处的古斯-汉森位移的相位表现为负数，因此从左手材料反射的古斯-汉森位移是负的，与电磁波传播方向相反，如图 4.1.3（b）所示。

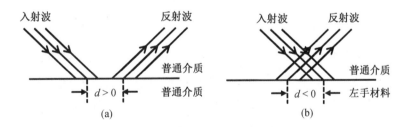

图 4.1.3　（a）古斯-汉森位移；（b）反常古斯-汉森位移

5. 完美透镜

利用左手材料制成的平板透镜可以聚焦一个点光源发出的射线，原理如图 4.1.4 所示，假设左手材料折射率 $n=-1$，令 $d_1+d_2=d$（d 为平板的厚度），从板面一侧距离 d_1 的点光源发出的光线将重新聚焦到板面另一侧距离 d_2

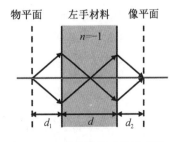

图 4.1.4　完美透镜成像示意图

的点。由于左手材料内部的负相位矢量,任何波从源点到像点所累积的总相移是零[9],这与传统透镜中对不同光线的相位校正形成了对比。对于左手材料制成的传统曲面透镜,由于穿过左手材料而积累的相位是负的,因此,凸透镜使平面波发散,而凹透镜使平面波会聚。

除了左手材料平板透镜的聚光功能之外,更为独特之处在于这种透镜不仅能够捕获电磁场中的传播波,还能够对倏逝波进行成像,这就使得左手材料透镜的成像分辨率不受传统波长衍射极限的限制,能达到亚波长超分辨的效果,因此也被称为"完美透镜"[10]。当电磁波从光密介质进入光疏介质时,若入射角超过临界角,则会发生全反射,在介质表面产生倏逝场,并随传播距离迅速衰减。对于传统光学透镜而言,倏逝波无法穿过透镜,倏逝波信息的缺失使得普通光学透镜的分辨率受到限制,无法将光线聚焦在小于波长尺寸的区域内。而左手材料由于具有负折射效应,其表面的等离激元能与位于表面附近的物体的倏逝(近场)分量产生相互作用,并导致共振增强,因而左手材料透镜可以聚焦这些倏逝波。左手材料透镜可以聚焦来自物体的所有电磁辐射成分,超过了衍射极限,能够实现亚波长分辨率。这个结论现在已经被推广应用到左手材料的几种构型中[11]。左手材料透镜的超分辨特性在医学成像、单分子探测、高精度光刻、光学存储等领域具有巨大的应用潜力。

4.1.3 左手材料的光学应用

自左手材料被提出以来,经历了一段较长的发展史。直到左手材料被提出的 30 年后,英国皇家学院的 Pendry 院士才真正意义上实验得到了介电常数和磁导率为负值的材料,左手材料的研究开始进入大发展期。Pendry 院士从理论研究出发,研究了一种超细的金属线微结构的电磁波性质[12],他发现周期性排列的金属线可以降低电子的平均浓度,并且通过自感显著提高有效电子质量,从而将等离子频率降低到远红外甚至吉赫兹波段。该种微结构阵列对电磁波的响应可以与等离子体对电磁波的响应进行类比,如图 4.1.5(a)所示。其介电常数为:

$$\varepsilon(\omega) = 1 - \omega_p^2 / \omega^2 \tag{4.1.8}$$

式中,ω_p 为等离子体振荡的本征频率。从式(4.1.8)中可以看出,当 $\omega < \omega_p$ 时,介电常数为负值,该项工作首次实现了负介电常数。紧接着,Pendry 院士

又利用非磁性金属薄板材料构建了一种周期性的开口谐振环微结构,实现了自然界不存在的负值的磁导率[13],如图 4.1.5(b)所示。这种周期性开口谐振环结构的有效磁导率表达式为:

$$\mu(\omega) = 1 - \Gamma\omega^2/(\omega^2 - \omega_0^2 + \mathrm{i}\omega\Gamma') \tag{4.1.9}$$

式中,ω_0 为谐振环的谐振频率,$\omega_b = \omega_0/\sqrt{1-\Gamma}$,$\Gamma$ 为负磁导率的频带宽度,Γ' 为损耗参数。通过改变结构的参数,可以大范围改变电磁波的通透性,且该结构可以很好地将电磁能集中在很小的体积中,从而极大地增强非线性效应。从式(4.1.9)中可以看出,当 $\omega_0 < \omega < \omega_b$ 时,$\mu < 0$。该项工作首次构造了负值磁导率的人工介质。

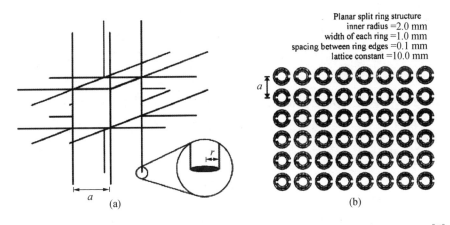

图 4.1.5 (a)周期性金属线实现负介电常数[12];(b)周期性开口谐振环实现负磁导率[13]

基于对新型人工设计结构的研究,左手材料的应用波段已经从传统的微波段逐渐拓展至太赫兹、红外以及可见光波段。图 4.1.6(a)展示了在太赫兹波段具有负磁导率的左手材料。研究者采用设计周期性铜开口谐振环的技术路线,但是将电路板刻蚀技术改变为光刻技术,将结构的单元尺寸控制在 30 μm[14]。该种左手材料不仅能在太赫兹波段实现磁响应,通过改变结构尺寸,还能在整个太赫兹波段内调控磁响应。图 4.1.6(b)对光波段的左手材料进行研究,利用电子束光刻技术制备了单个金开口谐振环,尺寸约为 300 nm[15]。由于光波段左手材料的欧姆损耗比微波段左手材料的欧姆损耗高 4 个数量级左右,因此光波段的左手材料较难实现,但是超薄的纳米结构可以降低欧姆损耗,使得该研究中制备的左手材料在光波段的透射率高达 90%,这项研究工作拓展了左手材料在光波段的应用。

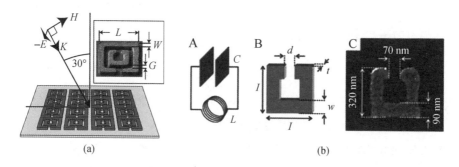

图 4.1.6　(a)铜开口谐振环左手材料[14];(b)金开口谐振环及等效示意图[15]

图 4.1.7 介绍了一种捕获彩虹模型,从理论上证明了利用左手材料作为异质结构可以有效而连续地截止光波[16]。Tsakmakidis 等人于 2007 年发现通过改变左手材料芯层部分的厚度,可以使得不同频率的光波被截止在不同的波导处,从而实现光谱的空间分离。这项工作有望运用于量子信息处理、通信网络和信号处理器、混合光电设备及慢光设备研究中。一般认为自然界中不存在左手材料,直到 2007 年,德国 Pinmenov 宣布自然界存在左手材料,用实验证明自然界中在 GH_2 范围存在左手材料[17]。

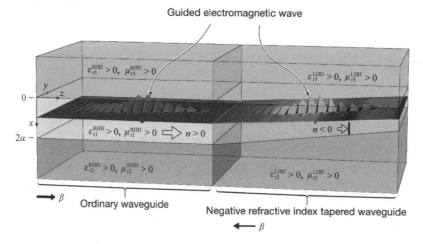

图 4.1.7　左手材料捕获彩虹模型[16]

自此开始,人们对左手材料不再局限于理论研究和制备,越来越多的研究工作将重点转移到左手材料的应用上来。图 4.1.8(a)展示了一种周期性的银树枝状左手材料,这种左手材料由氧化铟锡薄片、氧化锌电介质和银树突状单元组成,在 1.85 μm 处的红外波段有较好的响应,且制作方法简单,成本较低,可运用于大面积制备[18]。图 4.1.8(b)展示的是将 100 nm 厚的周期性金谐振环制备在柔性的 PDMS 衬底上,首次制备出柔性机械可调的左手材料[19]。利用聚合物基板的机械变形能力来实现大于共振线宽的动态可调共振频率偏移,研究了超材料形状对谐振器塑性变形极限的影响,探索了谐振器变形的塑性和弹性极限,展示了将这种材料运用于红外传感器的方法,并显示出将红外振动吸收特性提高 225 倍的性能。图 4.1.8(c)中,研究人员首次制备出了一种电压控制的可调左手材料,通过利用偏置电压调控 5CB 型液晶折射率的方式,改

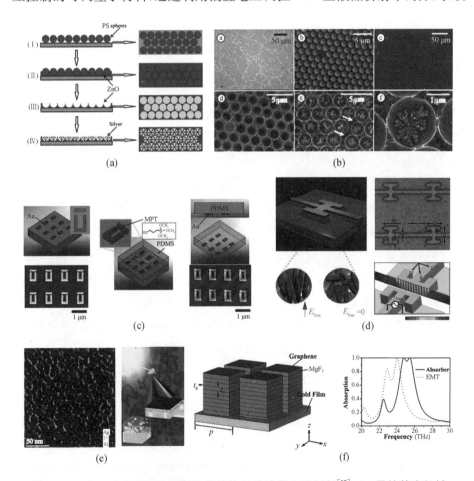

图 4.1.8 (a～b)准周期性银树枝状结构红外波段左手材料[18];(c)柔性基底机械可调的左手材料[19];(d)压控可调左手材料[20];(e)紫外和可见光波段左手材料[21];(f)石墨烯在左手材料中的应用[22]

变了谐振单元的响应频率,在 2.62 THz 频率下将吸收率调控到了 30%,并将谐振吸收率的带宽调整到了 4% 以上[20]。图 4.1.8(d)介绍了利用等离激元谐振效应在紫外和可见光波段制备出的新型纳米复合左手材料,可以通过改变复合材料的厚度和填充因子来调节其共振频率和强度,并将其应用于热光伏、隐身技术和紫外线防护涂层[21]。研究人员还将石墨烯材料引入了左手材料的研究领域,因为石墨烯在太赫兹波段的介电常数为负数且具有超薄的特性,损耗较低。研究人员基于排列在金膜平面上的石墨烯/MgF$_2$多层堆叠晶胞结构设计了超薄太赫兹超材料吸收体,并在理论上证明了双频总吸收效应,吸收体显示出良好的纳秒光热效应,如图 4.1.8(e)所示[22]。

4.2　超表面

　　虽然人工超材料具有自然界中不存在的特性,也取得了一定程度的发展,但是金属结构共振响应的高损耗和微纳米级三维结构的工艺难度,阻碍了超材料的实际应用。而平面超材料可以利用光刻和纳米压印等工艺,实现快速批量加工,因此超材料领域学者逐渐将研究方向聚焦在单层或少数几层的平面结构上。这种平面超材料被称为"超表面",它被认为是三维超材料的二维等效形式[23]。由于超表面的亚波长厚度引入了极小的传播相位,所以等效介电常数、磁导率和折射率对亚波长表面的影响较小;同时,超表面可以将光学波面塑造成可任意设计的形状,便于功能材料的集成,实现主动控制,极大地增强了器件的非线性响应。通过适当的材料选择和超构表面的结构设计,在传播方向的超薄厚度可以极大地抑制不良损耗。总的来说,超表面不仅可以克服块体超材料遇到的工艺问题,而且还具有对电磁波极强的调控能力。

4.2.1　超表面的基本概念

　　超表面(metasurface)是指亚波长单元排布在一个表面或分界面,可实现特定的电磁特性的人工层状材料。超表面与超材料的区别在于:超材料通常是由在三维空间内一系列亚波长单元结构有序排列组成,从而得到所需的体效应性能;而超表面是指在二维情况下,将亚波长单元排布在一个表面或分界面,从而构成的人工合成材料。因此,超表面也是一种特殊的超材料,在有些文献中也称其为超薄片(metafilm)或单层超材料。在很多应用中,超表面可替代三维超材料,因为相对于三维超材料,超表面更具有体积优势,其剖面低,占据物理空间小,相应的损耗也更低[24]。它具有以下三个特点:

(1) 超表面对波前相位作用远大于累计作用;

(2) 满足亚波长条件,一般基于光学散射体设计;

(3) 单元设计灵活,可以通过结构设计达到阻抗匹配,增大透过率。

超表面可实现对电磁波偏振、振幅、相位、传播模式等特性的灵活有效调控。超表面在电磁学中具有广泛的潜在应用,包括:可调智能表面、小型化腔体谐振器、新型波导结构、角度不敏感表面、低剖面宽角吸波器、阻抗匹配表面、生物医学设备、太赫兹开关等[25]。

超表面的分类方法有很多,根据超材料的面内的结构形式,其可分为两种:一种为具有横向亚波长的微细结构;另一种为均匀膜层。根据单元结构形式可分为两类:由独立散射体周期排列的超表面称为超薄片;由周期性的空间口径排列而成的超表面称为超屏。根据构成超表面的单元大小和周期是否变化,超表面可分为周期超表面和非周期超表面。周期超表面的单元是周期性排布;非周期超表面的非周期性排布是通过逐渐改变相邻单元的物理尺寸实现的,从而改变了超表面所维持的导波结构的相速度和传播路径[26]。

4.2.2 超表面的光学理论

超表面作为二维形式的超材料,通过调节亚波长单元的排布实现对电磁波的调控。根据不同的光场调控方式可以分为三类:传输相位超表面、几何相位超表面和电路型相位超表面。

传输相位型超表面通过电磁波在传输过程中产生的光程差来实现相位调控。假定介质的折射率为 n,波长为 λ 的电磁波在该均匀介质中传输一定距离 d,则电磁波积累的传输相位可表示为:

$$\phi = n\boldsymbol{k}_0 d \qquad (4.2.1)$$

式中,$\boldsymbol{k}_0$ 为自由空间波矢。传统的相位型光学元件大多采用曲面形式,利用厚度 d 随空间变化的特点来调节电磁波的波前。为进一步理解超表面工作的基础理论,下面重点介绍推广后的广义斯涅尔定律。

超表面不同于传统材料可以实现调制的原因就在于,它打破了传统光学器

件的平移不变性,将经典斯涅耳定律推广为广义斯涅耳定律。对电磁波在两种
介质界面处进行反射和折射是材料对其传输方向进行操控的最简单的方式。
经典的斯涅尔定律可以很好地解释电磁波在两种平面均匀介质界面处的反射
与折射规律,但是其适用的前提为:波的相移随着传播路径逐渐积累。但当电
磁波的传入路径引入一些相位突变时,则该理论不再成立。Capasso 课题组提
出了广义斯涅尔定律填补了这一空白[27],具体推导如下:

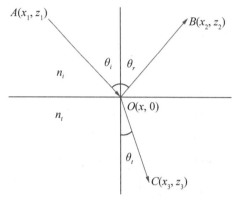

如图 4.2.1 所示,为了简化模型,先考虑一维平面的情况,当电磁波入射到
超表面的界面上时,波从 A 点入射
经过超表面 O 点反射到 B 点,根据费
马定理,所经过的光程 AOB 最短,
其可理解为波从 A 点到 B 点传播过
程中所几类的相位变化最小。

设 A 点坐标为(x_1, z_1),超表
面上反射点为 $O(x, 0)$,B 点坐标
为(x_2, z_2),则在 AOB 路径上累积
的相位为:

图 4.2.1 广义斯涅尔定律

$$\phi_{AOB}(x) = \varphi(x) + k_1\sqrt{(x-x_1)^2 + z_1^2} + k_1\sqrt{(x_2-x)^2 + z_2^2}$$

$$(4.2.2)$$

式中,$\varphi(x)$ 代表由$(x, 0)$点引入的突变相位,k_1 是界面上波反射所在空间的
波数,且 $k_1 = 2\pi/\lambda_1$。 为了让累计相位 $\phi_{AOB}(x)$ 取得最小值,对该函数求导:

$$\frac{\mathrm{d}\phi_{AOB}(x)}{\mathrm{d}x} = \frac{\mathrm{d}\varphi(x)}{\mathrm{d}x} + \frac{2\pi(x-x_1)}{\lambda_1\sqrt{(x-x_1)^2 + z_1^2}} - \frac{2\pi(x_2-x)}{\lambda_1\sqrt{(x_2-x)^2 + z_2^2}} = 0$$

$$(4.2.3)$$

将其简化得到:

$$\frac{\mathrm{d}\varphi(x)}{\mathrm{d}x} + \frac{2\pi}{\lambda_1}(\sin\theta_i - \sin\theta_r) = 0 \qquad (4.2.4)$$

上式表明通过控制引入的相位梯度 $\mathrm{d}\varphi(x)/\mathrm{d}x$,则可以控制反射角与入射
角之间的关系。同理,对折射到 $C(x_3, z_3)$ 点的情况,我们同样可以得到:

$$\phi_{A\alpha C}(x) = \varphi(x) + k_1\sqrt{(x-x_1)^2 + z_1^2} + k_2\sqrt{(x_3-x)^2 + z_3^2} \quad (4.2.5)$$

k_2 是界面下波折射所在空间的波数，对其求导后化简可得：

$$\frac{1}{\lambda_1}\sin\theta_i - \frac{1}{\lambda_2}\sin\theta_t = \frac{1}{2\pi}\frac{\mathrm{d}\varphi(x)}{\mathrm{d}x} \quad (4.2.6)$$

上述两式加在一起即为广义斯涅耳定律：

$$\sin\theta_i - \sin\theta_r = -\frac{k_0}{n_i}\frac{\mathrm{d}\varphi(x)}{\mathrm{d}x} \quad (4.2.7\mathrm{a})$$

$$n_i\sin\theta_i - n_t\sin\theta_t = \frac{\mathrm{d}\varphi(x)}{\mathrm{d}x} \quad (4.2.7\mathrm{b})$$

上述广义斯涅尔定理从二维空间拓展到三维空间，使得折射波与透射波的调控可以在空间上调控，而不仅仅局限于入射面，这一突破对超表面调控与应用具有重大意义[28]。

4.2.3　超表面的光学应用

由于超表面在具有操控电磁波方面的非凡能力，其应用在近十多年来得到了极大的发展，涵盖微波到可见光的大部分波段。超表面对光波空间结构的调控可实现偏振转换、旋光、矢量光束等功能类型的器件；对振幅的调控可以实现光的非对称透过、消反射、增透射、磁镜等功能类型的器件；在超表面对频率的调控方面，超表面的微结构在共振情况下可实现较强的局域场增强，利用这些局域场增强效应，可以实现非线性信号或荧光信号的增强，同时利用超表面，可以通过改变其结构单元的尺寸、形状等几何参数来实现对超表面的颜色的自由调控，可用于高像素成像、可视化生物传感等领域；通过超表面对电磁波相位的调控，可实现光束偏转、超透镜、超全息、涡旋光产生、编码、隐身等功能类型的器件[29]。

1. 结构光

超表面通过波前整形的方式，塑造光波的空间结构，可以产生各种特殊性质的结构光（structured light）。具有空间变化的振幅、相位、偏振的结构光已经发展成为一个重要的领域，促进了成像、传感、非线性相互作用、量子科学和光通信等领域的发展。超表面提供了一种灵活操纵结构光的替代方法，在过去的几年里迅速发展，形成了一系列定制特殊光束的新兴应用。图 4.2.2 展示了利用 V 形天线结构构建的一种新型的超构表面[27]，通过在光程的波长尺度上引入突然的相移，可以获得控制波前的新自由度，并进一步明确了广义折反射定律，引起了国际上的研究热潮。图 4.2.2(a)所示为 2π 周期的天线阵列，图 4.2.2(b)是阵列单个天线散射电场的仿真结果。这种由不同形状的结构组成的光学天线阵列依靠亚波长共振单元使得共振频率发生移动，进而改变某个频率的相位，实现相位突变。八台阶相位的 V 形天线电磁偏折器件，一个周期中含有八个不同的结构单元，前四个结构单元通过调节结构臂长和两臂夹角等参数来调节共振相位，而后四个结构单元通过将前四个结构单元旋转 90° 来实现 π 的附加几何相位。利用表面等离激元界面可以生成具有螺旋波前并携带轨道角动量的涡旋光束，从而展示了相位不连续为复杂光束设计提供的极大灵活性。

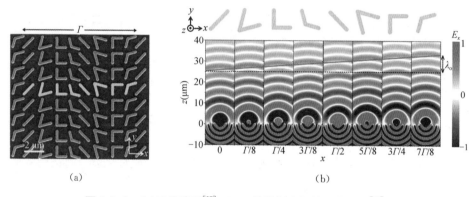

(a)　　　　　　　　　　　　　　(b)

图 4.2.2　(a)天线阵列[27]；(b)天线散射电场的仿真结果[27]

　　偏振是电磁波的重要特性之一，利用超表面对电磁波的偏振进行操控的器件近几年得到了迅速的发展，它可以覆盖从微波到可见波段这一频率范围。图 4.2.3(a)展示了基于广角反射等离子体超表面的半波片和四分之一波片，在可见到近红外波长范围内具有较高的偏振转换效率和反射幅度。在 640 nm 到 1 290 nm 的带宽和 ±40° 的宽视场范围内，纳米制造的半波片和四分之一波片的偏振转换比均超过 92%[30]。图 4.2.3(b)利用空间取向变化的金纳米棒组成超表面来测量完全偏振光的偏振状态，分别在 633 nm、750 nm 和 850 nm 的光波长进行了实验测量[31]。当右圆偏振光正常入射到超表面上时，规律折射的光保持了偏振状态和入射光的传播方向。然而，异常折射光的偏振被转化为左圆偏振，左圆偏振受相位调制，从源方向观察时向右偏移。当入射光为左圆偏振时，异常光向相反方向偏移。一般情况下，如果入射光束同时包含左圆偏振分量和右圆偏振分量(如线偏振光或椭圆偏振光)，则部分转换为不规则折射的右圆偏振光和左圆偏振光，它们位于规则折射光的两侧。图 4.2.3(c)的工

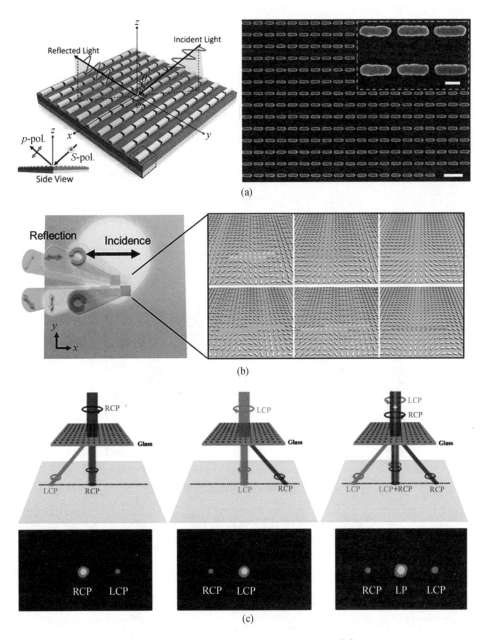

图 4.2.3　(a)基于超表面的宽带为 5～12 μm 的四分之一波片[30]；(b)用固定入射偏振产生任意偏振的原理图[31]；(c)测量光偏振状态的方法的原理图和不同偏振入射光照射下超表面透射面折射光的偏振状态[32]

作以等尺寸的铝纳米天线为基本构建单元,通过调整其光轴方向实现相位调制,设计并制作了由 6 个区域组成的超表面极化发生器,散射光的偏振状态完全由等振幅圆偏振光之间的叠加控制,这些圆偏振光通过超表面不同位置实现 0 到 2π 的相位调制[32]。

2. 超表面透镜

传统的透镜需要通过传播相位累计来对光进行折射,因此呈现出曲面结构。而超表面能够利用界面上的局部突变相位,使超薄平面的透镜成为可能,非常适合于未来芯片的片上集成应用。用于通信波段集成 V 形天线的超表面透镜已经实现,但这些超透镜的效率相对较低[33]。此外,纳米棒和 U 形孔径已被用于基于几何相位的平面超透镜,当入射光转换为相反的螺旋度时,将引入所需的相位剖面。图 4.2.4 通过介质梯度超表面光学元件实现了可见光波段的高效率传输,超薄光栅、透镜和轴向图是通过将 100 nm 厚的硅层设计成密集排列的硅纳米波束天线来实现的[34]。

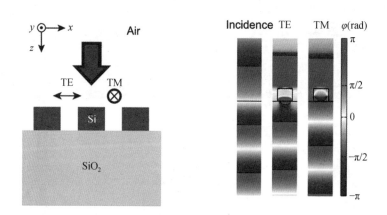

图 4.2.4　基于硅纳米天线的超表面透镜[33]

图 4.2.5(a)展示了二氧化钛纳米柱成功实现了偏振无关的超表面透镜[35],通过改变纳米柱单元的直径来改变等效折射率的大小,从而控制局域相位的变化,再按照聚焦透镜的相位分布进行纳米柱单元的排列最终实现高效率的聚焦能力。图 4.2.5(b)为超表面透镜在 660 nm 处的光学图像,图 4.2.5(c)为超表面透镜的 SEM 显微图像。

祝世宁院士团队提出了一种 pancake 超表面透镜,利用自旋依赖性的双面超表面和镜子组成的超腔可以随意折叠光路,从而能够取代传统的折射透镜,

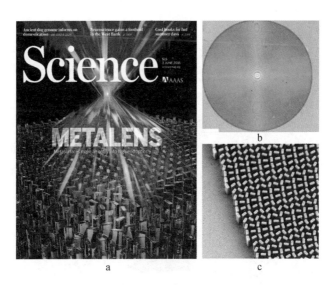

图 4.2.5 （a）基于二氧化钛纳米柱的超表面透镜[35]；（b）超表面透镜在 **660 nm**
处的光学图像[35]；（c）超表面透镜的 **SEM** 显微图像[35]

可以使成像系统更加紧凑[36]。图 4.2.6（a～b）展示了 980 nm 波长下利用
pancake 超表面透镜压缩成像工作距离之后的成像效果，实验结果显示超表面
透镜的短距离成像性能与大工作距离下的传统成像性能非常接近。另外，他们
还研发出一种基于超表面透镜的平面广角相机，将氮化硅超透镜阵列安装在
CMOS 图像传感器，整个透镜阵列能够捕捉大视角的场景，且畸变或像差可以
忽略不计。如图 4.2.6（c）所示，这种亚微米厚度的超薄平面相机能获得超过
120°的大视角图像[37]。

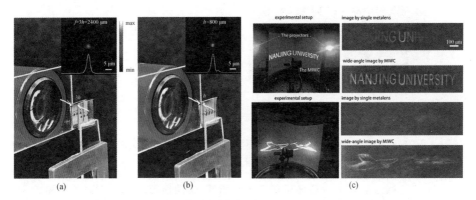

图 4.2.6 （a～b）pancake 超表面透镜成像实验[36]；（c）超表面透镜广角成像效果对比[37]

　　张翔、张霜等人在 *Science* 上发表的最新研究论文表明,他们通过多频测量成功地构建了复频率的合成光波,实验观察了虚拟增益带来的深亚波长超成像模式,从而克服了等离激元系统的固有损耗,促进了超透镜在成像和传感领域的广泛应用[38]。合成复频波补偿超像透镜损耗的原理示意图如图 4.2.7 所示,他们利用具有时间衰减特性的合成频率波照射,从而可以实现亚波长图案特征,并获得超高的成像分辨率。这项工作代表了一种克服等离激元系统固有损耗的实用方法。

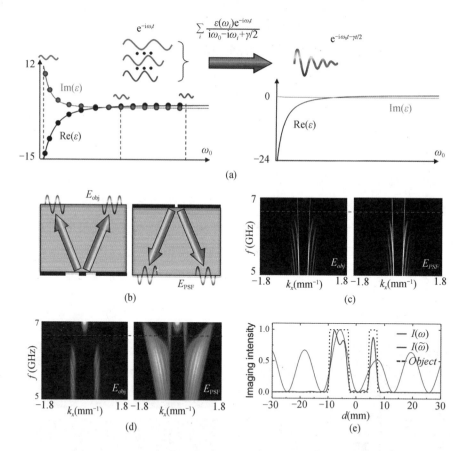

图 4.2.7　利用合成复频波补偿超像透镜损耗的示意图[38]。(a)用多频率的介电常数合成的复频率波进行损耗补偿前(左图)和后(右图)的有限阻尼项 Drude 模型的介电常数;(b)左图显示了光从底部两个紧密放置的狭缝穿过等离激元金属/电介质多层透镜的示意图,右图显示了一个点源的场模式;(c)傅里叶变换形成的色散图;(d)复频率色散图;(e)(c)和(d)中虚线位置对应的成像强度

3. 超表面全息成像

全息成像的基本原理分为波前记录与波前再现两个部分。具有相干性的一束光被分束器分为两束：一束照射于物体上，称为照明光；另一束直接照射于全息板（hologram）上，称为参考光。照明光照射于物体后发生散射，并与参考光相干涉，进而形成干涉条纹，被可感光的全息板记录，此过程被称为波前记录。因此全息板上记录的干涉条纹包含了物光的振幅与相位全部信息，即对应于真实物体的三维空间信息。当以与上述过程中的参考光完全一致的入射光照射于全息板，在全息板之后即可观察到与原物体完全一致的三维像，此像为实际光线的反向延长线相交得到的像，此过程被称为波前再现。

相比于传统利用空间光调制器实现的计算全息术，基于超表面的全息术由于具有亚波长尺度的像素大小，可实现单一衍射、成像角度大等诸多特性。此外，某些特殊超表面具有对于每个像素相位振幅同时调控的能力，这是传统光学器件所无法实现的。传统计算全息中通常使用空间光调制器作为全息图实现全息成像，而空间光调制器像素尺寸为微米或十微米量级，是波长的数倍，故会产生其他衍射级，从而降低了成像的视场角与成像效率。超表面的引入为全息术带来了新的可能性，许多新的全息成像效果应运而生。

图 4.2.8(a)介绍了利用空间方向变化的亚波长金属纳米棒构成的超表面实现的三维全息摄影，研究人员对 670 nm、810 nm 和 950 nm 的波长进行实验了测量[39]。当像素化纳米棒图案被圆偏振光照射时，它会为具有相反手性的透射光生成所需的连续局部相位剖面。图 4.2.8(b)展示了一个几何超表面全息图的设计和实现，在 825 nm 衍射效率达到 80%，并且带宽在 630 nm 到 1 050 nm 之间[40]。为了确认数值模拟的高效率，研究人员设计了一个基于几何超表面的计算机生成全息图。圆偏振入射光束经过四分之一波片后，由线偏振光束转换而来，落在超表面上，反射的光束在远场形成全息像。图 4.2.8(c)演示了一个螺旋度多路复用超表面全息图，在宽频率范围内具有高效率和良好的图像保真度。超表面全息图的特点是两组全息图模式以相反的入射螺旋度操作的组合。通过控制输入光的螺旋度，两个对称分布的离轴图像可以互换[41]。通过实验测量了转换效率随波长的变化，结果表明在 620 nm 到 1 020 nm 的宽波长波段上，转换效率高于 40%。图 4.2.8(d)利用一种特殊的具有超高容量的光子筛（photon sieves）超表面实现了高质量全息成像图，通过混合算法可以精确

地设计电磁波的相位,振幅与偏振[42]。

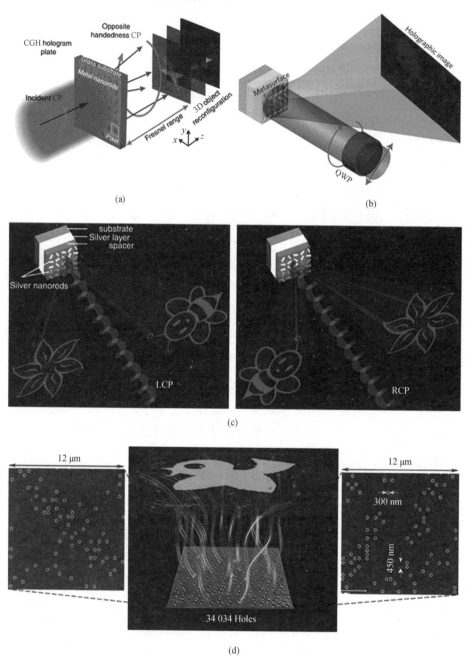

图 4.2.8 (a)全息图结构及重建程序[39];(b)圆偏振入射光束下基于反射纳米棒的计算全息
图[40];(c)螺旋度复用超表面全息图的原理图[41];(d)基于非周期纳米孔的全息成
像图[42]

超表面是将人工合成材料以亚波长单元排布在一个表面或分界面上,从而构成具有非凡操控电磁波能力的第三代光学元件,相比于其他光学元件,超表面具有紧凑的波前调控、多维度的光场调控、定制化的器件设计以及新颖光学现象研究等优势。随着新兴技术和物理现象的研究,超表面领域仍在不断发展,新的理论和应用也相继提出,超表面领域还存在很多机遇和挑战值得进一步研究。

参考文献

[1] Veldkamp W B. Laser beam profile shaping with binary diffraction gratings[J]. Optics Communications,1981,38(5-6):381-386.

[2] 周济,李龙土. 超材料技术及其应用展望[J]. 中国工程科学,2018,20(6):69-74.

[3] Zahra S,Ma L,Wang W,et al. Electromagnetic metasurfaces and reconfigurable metasurfaces:a review[J]. Frontiers in Physics,2021,8:593411.

[4] Veselago V G. The electrodynamics of substances with simultaneously negative values of permittivity and permeability[J]. Soviet Physics Uspekhi,1968,10(4):509.

[5] Shelby R A. Experimental Verification of a Negative Index of Refraction[J]. Science,2001,292:77-79.

[6] Lu J,Grzegorczyk T M,Zhang Y,et al. Čerenkov radiation in materials with negative permittivity and permeability[J]. Optics Express,2003,11(7):723-734.

[7] Luo C,Ibanescu M,Johnson S G,et al. Cerenkov radiation in photonic crystals[J]. Science,2003,299:368-371.

[8] Goos F,Hänchen H. Ein neuer und fundamentaler Versuch zur Totalreflexion[J]. Annalen der Physik,1947,436(7-8):333-346.

[9] Pendry J. Light runs backwards in time[J]. Physics World,2000,13(6):27-28.

[10] Pendry J B. Negative refraction makes a perfect lens[J]. Physical review letters,2000,85(18):3966-3969.

[11] Pendry J B,Ramakrishna S A. Focusing light using negative refraction[J]. Journal of Physics:Condensed Matter,2003,15(37):6345-6364.

[12] Pendry J B,Holden A J,Stewart W J,et al. Extremely Low Frequency Plasmons in Metallic Mesostructures[J]. Physical Review Letters,1996,76(25):4773-4776.

[13] Pendry J B,Holden A J,Robbins D J,et al. Magnetism from Conductors,and Enhanced Non-linear Phenomena[J]. IEEE Transactions on Microwave Theory and Techniques,1999,47(11):2075-2084.

[14] Yen T J, Padilla W J, Fang N, et al. Terahertz Magnetic Response from Artificial Materials[J]. Science, 2004, 303: 1494-1496.

[15] Linden S, Enkrich C, Wegener M, et al. Magnetic response of metamaterials at 100 terahertz[J]. Science, 2004, 306: 1351-1353.

[16] Tsakmakidis K L, Boardman A D, Hess O. Trapped rainbow' storage of light in metamaterials[J]. Nature, 2007, 50: 397-401.

[17] Pimenov A, Loidl A, Gehrke K, Moshnyaga V, Samwer K. Negative refraction observed in a metallic ferromagnet in the gigahertz frequency range[J]. Physical review letters, 2007, 98(19): 197401.

[18] Liu H, Zhao X P, Yang Y, et al. Fabrication of infrared left-handed metamaterials via double templ-ate-assisted elec? trochemical deposition[J]. Adv Mater, 2008, 20(11): 2050-2054.

[19] Pryce I M, Aydin K, Kelatia Y A, et al. Characterization of the tunable response of highly strained compliant optical metamaterials[J]. Philosophical Trans Royal Soc A, 2011, 369: 3447-3455.

[20] Padilla W J, Chen W C. Liquid crystal tunable metamaterial absorber[J]. Phys Rev Lett, 2013, 110: 177403.

[21] Hedayati M K, Zillohu AU, Strunskus T, et al. Plasmonic tunable metamaterial absorber as ultraviolet protection film [J] Appl Phys Lett, 2014, 104(4): 041103.

[22] Su Z, Yin J, Zhao X. Terahertz dual-band metamaterial absorber based on graphene/ MgF_2 multilayer structures[J]. Optics Express, 2015, 23(2): 1679-1690.

[23] Hsiao H H, Chu C H, Tsai D P. Fundamentals and Applications of Metasurfaces[J]. Small Methods, 2017, 1, 1600064.

[24] Ali A, Mitra A, Aissa B. Metamaterials and Metasurfaces: A Review from the Perspectives of Materials, Mechanisms and Advanced Metadevices [J]. Nanomaterials, 2022, 12, 1027.

[25] He J W, He X J, Dong T, et al. Recent progress and applications of terahertz metamaterials[J]. J. Phys. D: Appl. Phys. 55 123002.

[26] Chen H T, Taylor A T, Yu N. A review of metasurfaces: physics and applications [J] Rep. Prog. Phys, 2016, 79: 076401.

[27] Yu N F, Genevet P, Kats M A, et al. Light Propagation with Phase Discontinuities: Generalized Laws of Reflection and Refraction[J]. Science, 2011, 334: 333-347.

[28] Aieta F, Genevet P, Yu N F, et at, Out-of-Plane Reflection and Refraction of Light by

Anisotropic Optical Antenna Metasurfaces with Phase Discontinuities [J]. Nano Letter, 2012, 12: 1702-1706.

[29] Alexander V K, Alexandra B, Vladimir M S, Planar Photonics with Metasurfaces[J]. Science, 2013, 339: 1232009.

[30] Jiang Z H, Lin L, Ma D, et al., Broadband and wide field-of-view plasmonic metasurface-enabled waveplates[J]. Sci Rep, 2014(4): 7511.

[31] Wu P C, Tsai W Y, Chen W T, et al. Versatile Polarization Generation with an Aluminum Plasmonic Metasurface[J]. Nano Lett, 2017, 17(1): 445-452.

[32] Wen D, Yue F, Kumar S, et al. Metasurface for characterization of the polarization state of light[J]. Opt Express, 2015, 23(8): 10272-81.

[33] Aieta F, Genevet P, Kats M A, et al. Aberration-Free Ultrathin Flat Lenses and Axicons at Telecom Wavelengths Based on Plasmonic Metasurfaces[J]. Nano Lett, 2012, 12: 4932-4936.

[34] Lin D M, Fan P Y, Hasman E, et al. Dielectric gradient metasurface optical elements [J]. Science, 2014, 345, 298-302.

[35] Mohammadreza K, Wei T C, Robert C D, et al. Metalenses at visible wavelengths: Diffraction-limited focusing and subwavelength resolution imaging[J]. Science, 2016, 352: 1190-1194.

[36] Chen C, Ye X, Sun J, et al. Bifacial-metasurface-enabled pancake metalens with polarized space folding[J]. Optica, 2022, 9(12): 1314-1322.

[37] Chen J, Ye X, Gao S, et al. Planar wide-angle-imaging camera enabled by metalens array[J]. Optica, 2022, 9(4): 431-437.

[38] Guan F, Zeng K, Nie Z, et al. Overcoming losses in superlenses with synthetic waves of complex frequency[EB/OL]. arXiv preprint arXiv: 2303. 16081. http//arxiv. org/abs/2303. 16801. pdf.

[39] Huang L L, Chen X Z, Mühlenbemd H. Three-dimensional optical holography using a plasmonic metasurface[J]. Nature Communications, 2013, 4(1): 2808.

[40] Zheng G X, Muhlenbernd H, Kenney M, et al. Metasurface holograms reaching 80% efficiency[J]. Nat Nanotechnol, 2015, 10(4): 308-312.

[41] Wen D D, Yue F Y, Li X G, et al. Helicity multiplexed broadband metasurface holograms[J]. Nat Commun, 2015(6): 8241.

[42] Huang K, Liu H, Garcia-Vidal F J, et al. Ultrahigh-capacity non-periodic photon sieves operating in visible light[J]. Nat Commun, 2015(6): 7059.

第五章

表面等离激元增强的光
与物质相互作用

　　微纳米技术将人们对物体的结构、特性及应用的研究从宏观尺度带入了微米甚至纳米尺度。当进入微观领域，许多适用于宏观的物理规律将不再成立，物质在微观尺度下表现出的新现象和新效应促进了一系列新理论的诞生。表面等离激元学是近年来迅速发展形成的一门新兴学科，表面等离激元（Surface Plasmons，SPs）是导体表面自由电子集体振荡的现象[1-3]，它赋予了微纳尺度的纳米结构一系列新奇的光学特性，例如对光的选择性吸收和散射、局域电场增强、电磁波的亚波长束缚，使得突破传统光学衍射极限的限制、增强光与物质相互作用成为可能。按照表面等离激元纳米结构的不同[4-5]，SPs可分为表面等离极化激元（Surface plasmon polaritons，SPPs）和局域表面等离激元（Localized surface plasmons，LSPs）。表面等离激元的特性与材料、形貌、结构及其所处介质环境密切相关，相应的共振波长可覆盖紫外、可见光、近红外到远红外的光谱波段，通过对其结构参数进行人为调控，可以实现诸如荧光增强与拉曼散射、光热转换、非线性光学等各种光和物质相互作用的显著增强，进而为实现机理创新、技术革新以及性能突破的光电子器件提供了全新途径。

　　基于此，本章主要介绍了各种基于表面等离激元增强的光和物质相互作用机理及相关应用，为构造更高性能的表面等离激元器件，发展相关技术，进一步拓展表面等离激元的应用领域提供有益的参考。

5.1　近场局域效应

5.1.1　基本原理

　　与沿金属-介质界面传播的表面等离极化激元SPPs不同[6]，由与电磁场耦合的金属纳米结构中的导电电子激发，可支持另一种表面等离激元模式——局域表面等离激元。上述纳米结构中自由电子的谐振特性受到纳米结构形貌所产生的边界条件的限制，是一种非传播的模式。局域表面等离激元其自身具有辐射模式的特点，可由空间光场直接激励，不需要别的手段进行辅助[7-8]。尤其是在共振条件下时，金属纳米结构表面的电子集体谐振将得到显著增强，即局域表面等离激元共振现象[9]。在这一条件下，金属纳米结构的吸收和散射截面达到最大,展现了显著的光吸收和散射增强特性,描述金属纳米结构的吸收和散射过程的理论模型已在第三章中具体阐述。

影响表面等离激元局域场增强效应的因素主要分为以下几个方面:在材料方面,金属是最典型和常用的表面等离激元材料[10-11],金和银主要用于可见光和近红外波段,银的损耗最低,但银不如金稳定,在更短的波段,铜和铝是研究的主要载体,但是铜和铝在空气中极其不稳定,一般都是以氧化物的形式稳定存在。除此之外,碱金属材料,例如金属钠[12],因其红外波段更低的光学损耗,在钠基表面等离激元波导和激光器上已率先得到了应用,但是由于其化学活性太高,不能直接与空气接触,在存放成本和工艺制备上仍有瓶颈问题需要解决。此外,一些由金属构成的合金结构[13],如二元、三元合金,可通过改变它们的组成比例,以实现不同的光学吸收和散射特性。在形貌尺寸方面,相比于各向同性的纳米球,各向异性的结构如纳米棒、纳米方块、纳米板等[14-16],具有更为选择可调的光学特性,以满足不同应用需求。特别是带有丰富尖端的纳米结构,如纳米星[17],其带来了更多的"热点",并在"热点"处具有极大的局域场增强。另外,通过改变金属微纳结构的聚集态[18-19],例如将两个纳米板以尖对尖的方式形成"蝴蝶结"形结构,其间隙位置处的"热点"效应将会显著提高局域场强度,或者将金属纳米结构以密集排列的方式堆叠,密集排列结构之间的间隙"热点"效应,将实现数个数量级的电场增强,为微弱信号检测,如拉曼信号的增强,提供了一个良好的研究体系。

5.1.2   表面等离激元增强发光

表面等离激元的局域场增强效应使得其在增强发光得到了广泛应用。尤其是对于发光体结构来讲,当其位于表面等离激元局域场增强空间范围内时,将会对发光体自发跃迁速率起到重要作用,即人们所说的珀塞尔效应(Purcell effect)[20-21]。早在 20 世纪 40 年代,Edward Mills Purcell 发现将原子放入共振腔中后,原子的自发发射速率增加。Purcell 认为,通过改变共振腔和波导结构,可以改变电磁场的态密度,从而增强自发辐射。自发辐射的增强效果由 Purcell 系数(Purcell Factor,F_p)表示:

$$F_p = \frac{3}{4\pi^2}\left(\frac{\lambda_{\text{free}}}{n}\right)^3\left(\frac{Q}{V}\right) \tag{5.1.1}$$

其中，λ_{free} 是自由空间中的波长，n 是共振腔材料的折射率，Q 和 V 分别是腔的品质因子和体积。

可以用腔量子电动力学解释珀塞尔效应的作用原理。费米黄金定则（Fermi's golden rule）规定，原子-腔系统的跃迁速率与最终态的密度成正比。而在共振腔中，尽管最终态的数量不一定增加，但最终态的密度增加了。珀赛尔因子即为空腔态密度（ρ_c）与自由空间态密度（ρ_f）的比值。由：

$$\rho_c = \frac{1}{V\Delta\nu} \tag{5.1.2}$$

$$\rho_f = \frac{8\pi n^3 \nu^2}{c^3} \tag{5.1.3}$$

$$Q = \frac{\nu}{\Delta\nu} \tag{5.1.4}$$

可以得到：

$$F_p = \frac{\rho_c}{\rho_f} = \frac{3}{4\pi^2}\left(\frac{\lambda_{\text{free}}}{n}\right)^3\left(\frac{Q}{V}\right) \tag{5.1.5}$$

影响发光体自发跃迁速率的因素有很多，相关研究表明，发光体荧光强度与其和表面等离激元纳米结构之间的距离、发光体电偶极矩和表面等离激元纳米结构的相对取向等因素紧密相关[22-24]。当发光体与表面等离激元纳米结构之间的距离足够小时，激发的光场强度将会极大增强，因此发光体的激发效率也将急剧增加；但与此同时，由于金属本身对荧光的淬灭作用，发光体的部分激发态能量以非辐射形式跃迁，导致发光的量子效率会急剧下降。为了获得最佳的荧光增强效果，研究者们通常通过优化分子与金属结构之间的距离、分子电偶极矩与金属结构的相对取向和材料的损耗，以及表面等离激元共振波长与荧光发射体的激发与发射波长位置，以最终达到极大的荧光过程增强作用。

依据等离激元不同的模式，等离激元增强发光的结构主要分为两大类：一类是基于传导型表面等离极化激元模式的结构[25-26]，利用等离激元波导结构构成谐振腔，将邻近发光体产生的光模式转化为等离激元模式并产生谐振，放大后再以光子模式辐射到远场，从而实现荧光的增强；另一类是基于局域表面等离激元模式的结构[27-29]。一般可以通过化学合成等方式制备纳米颗粒，利用分子绑定、表面沉积等过程将发光体约束在颗粒附近,通过调节发光体层和纳米颗粒的距离以实现荧光增强。相较于传导型表面等离极化激元,局域表面等离激元模式削弱了金属吸收损耗对荧光增强的影响,有利于提高增强荧光的发射效率,而其缺陷则是相较于等离激元波导谐振腔而言,单一纳米颗粒产生谐振的区域有限,从而增效幅度受到制约。为此可以结合 top-down 工艺制备阵列化的纳米颗粒结构,产生更高效等离激元晶格共振,提高荧光辐射效率,而阵列化纳米颗粒的高自由度也为荧光性质的调控提供了可能;同时,也可以通过在发光体薄膜中随机嵌入金属纳米颗粒或高折射率介质颗粒形成随机闭环,构成谐振腔,利用光与无序发光材料的相互作用,从而发出高强度的光。目前,等离激元荧光增强的主要应用场景包括生物传感、医学诊断、拉曼光谱增强等[30-32]。

5.1.3 表面等离激元增强的拉曼效应

拉曼散射来自光子与分子物质转动与振动相互耦合下的一种非弹性散射过程。这一现象常用于对特殊分子物质振动与转动特性的研究中,即拉曼光谱。拉曼光谱在分子物化特性研究、痕量分子检测等领域被广泛应用。相比于发光过程,拉曼散射的散射截面要比发光截面小十几个数量级。与拉曼散射强度大小相关的关系式为[33]:

$$I(\omega_p) = AI_0(r_0, \omega) \mid \alpha(\omega_R, \omega) \mid^2 \times G(r_0)$$
$$= AI_0(r_0, \omega) \mid \alpha(\omega_R, \omega) \mid^2 \times \mid E(r_0, \omega) \mid^4 / \mid E_0(r_0, \omega) \mid^4 \quad (5.1.6)$$

式中,A 是探测器对信号的采集效率,$G(r_0)$ 是局域场增强因子,$\alpha(\omega_R, \omega)$ 是分子的拉曼散射截面,$I_0(r_0, \omega)$ 则是拉曼激励光的强度。

除了从系统层面(如探测精度提高或者增强激光强度)的优化以及选取合适的探测分子[物理或化学方法提升 $\alpha(\omega_R, \omega)$],局域场增强因子 $G(r_0)$ 调控是最有效的手段,而表面等离激元恰好为这种微小信号的探测增强提供了重要载体。尤其是带有尖端"热点"的表面等离激元纳米结构,其拉曼增强因子可达到 10^{10} 量级,远高于普通球形纳米颗粒的增强因子(10^6 量级)。例如,编者课题组[34]提出了一种具有多尖端的"星形"金属纳米结构,采用晶种生长法,在球形金属纳米结构上生长了数量不等、长度不一的尖端结构。为实现"热点"效应的增强与激励激光的匹配,采用 FEM 算法,对纳米星结构尖端尺寸、尖端间距和数量、周围介电环境等几个方面进行优化,如图 5.1.1 所示[34]。

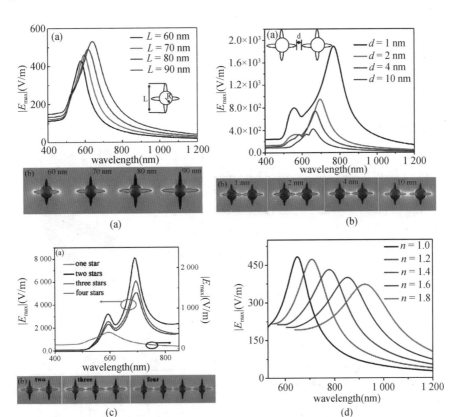

图 5.1.1　"星形"金属纳米结构尖端尺寸、尖端间距和数量、周围介电环境等
　　　　　　参数对局域电场增强的影响[34]

　　在实验中,结合纳米晶体生长技术,实现了具有强"热点"效应的纳米星结构,并采用浸泡有机溶剂的方法探索了纳米结构附近有机壳层的厚度对表面增强拉曼散射(surface enhancement of Raman scattering, SERS)信号灵敏度提升的关系。如图 5.1.2(a)所示,从左至右分别给出了金属纳米颗粒表面有修饰分子、无修饰分子以及表面包裹无机绝缘层三种表面下 SERS 信号的增强与抑制现象。可以看到,金属纳米结构表面包覆结构的厚度越厚,检测到的荧光信号显著增强且充分抑制拉曼信号强度。也就是说,当金属纳米结构与拉曼检测分子直接接触时,便能实现拉曼信号的增强,同时可以抑制荧光背景信号的干扰。图 5.1.2(b)和(c)分别给出了检测分子(以 R6G 为例)与金属纳米结构

直接接触和检测分子与金属纳米结构中间有一定厚度包覆条件下,检测分子
与金属纳米结构之间电荷转移机制。可以看到,直接接触(图5.1.2(b))过
程中发生的电荷转移可以实现荧光信号的"淬灭",从而直接增强检测分子的
拉曼信号强度。这一结果直接在实验上验证了"热点"效应对拉曼灵敏度增强
的直接贡献,为微弱信号检测(如痕量分子的拉曼检测)提供了重要借鉴。

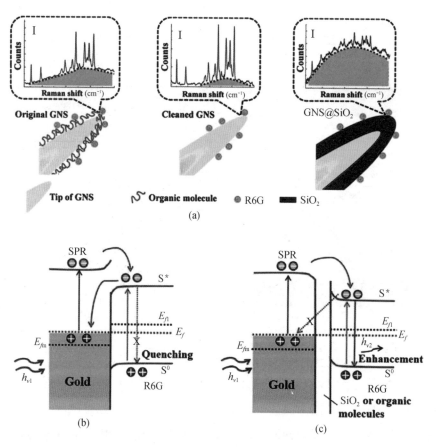

图 5.1.2　拉曼增强与荧光增强之间的关系[34]

5.2　光热效应

光热效应是金属微纳结构中极具应用潜力的效应之一。本节以表面等离
激元微纳结构为例介绍物质在纳米尺度的光热效应。

纳米尺度的加热可以通过如金、银、铜、铝等特定金属纳米材料的表面等离激元共振来实现。金属纳米颗粒表面的表面等离激元共振激发可以视为是光子被局限在了一个很小的纳米结构区域内，从而产生了一个很强的电磁场，可显著增强可见光的吸收。表面等离激元微纳结构具有高效的光耦合特性，金属微纳结构对入射光的吸收和散射在共振时达到最强，其光吸收截面与散射截面远远超过其物理截面。在相同的光照条件下，表面等离激元金属纳米颗粒的吸收截面比染料敏化分子的吸收截面约大五个数量级[35]，微纳结构中产生的热量可达体材料的几十到上千倍，从而在纳米尺度实现极高的温度梯度。更重要的是，表面等离激元光热效应可通过改变材料、微纳结构形貌尺寸及激励光源的特性进行灵活的调控，进而实现热源功率和温度分布的人工设计。下面通过对金属微纳结构与光相互作用过程中产生的具体物理现象进行阐述。

5.2.1　表面等离激元微纳结构与光子相互作用的物理过程

以金属材质的表面等离激元微纳结构为例，其表面的电子服从费米-狄拉克分布（Fermi-Dirac distribution）[36]：一个电子只能占据一个量子态，并且依次从低能级向高能级占据。费米-狄拉克分布函数是一个阶跃函数，如图5.2.1所示，当 $T=0$ K 时，即室温条件下，电子所占据的最高量子态（即最高能级）被定义为费米能级（E_F）；而当 $T>0$ K 时，微纳结构中的部分电子将跃迁到更高的能级，在费米能级 E_F 位置处出现一个光滑的过渡带，且随着温度的提升，电子所占据的能级越高，其过渡带越光滑。在上述过程中，当电子吸收能量跃迁到更高能级时，这部分比周围环境更"热"的电子则被称为"热电子"。在原来的能级上留下一个带正电的空穴，与"热电子"相对应，这一空穴则被称为"热空穴"。

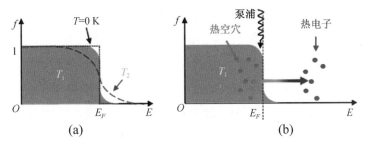

图 5.2.1　金属微纳结构中的热电子产生

上述的光与金属微纳结构相互作用的过程可分为光吸收、载流子弛豫及热耗散三个阶段,具体如下[37-38]:

(1)光吸收阶段:如图 5.2.2 所示,当入射光与金属微纳结构的共振波长相匹配时,金属纳米结构的等离激元效应被激发,此时金属纳米结构的吸收和散射截面均达到最大值,纳米结构中的光子会以辐射和非辐射的形式进行弛豫,其中辐射形式的弛豫过程是向外发射光子,而非辐射形式的弛豫过程则体现为对激发光的吸收。表面等离激元的集体振荡特性会由于阻尼效应的存在而逐渐消失,这一时间段通常被认为是金属微纳结构的寿命,通常在几飞秒(fs)到十几飞秒之间。

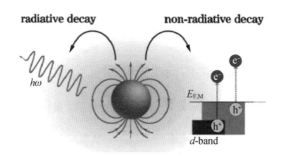

图 5.2.2   等离激元辐射弛豫和非辐射弛豫示意图

(2)载流子弛豫阶段:如图 5.2.3 所示,主要涉及三个过程,在表面等离激元激发后($t=0$ s),5～20 fs 的时间段内,表面等离激元通过电子-电子散射、表面-电子散射及辐射阻尼的方式迅速衰退,产生携带高能量的电子-空穴对。表面等离激元共振产生的电磁场能够激发一部分导带电子从占据的轨道跃迁到高于费米能级的非占据轨道,并以费米速度迅速扩散,在约 100 fs 的时间内将动能再分布到整个结构的电子中,形成整体上偏离平衡态的处于高能量位置的电子态分布。在 100 fs 到 1 ps 的时间范围,电子能量通过电子-电子散射过程快速将能量分散给周围的低能电子,使更多电子被热化,形成比体系温度更高的费米-狄拉克分布,这个过程可以用双温度模型(two-temperature model)来描述[39]。

(3)热耗散阶段:随着热电子能量与运动速度的降低,其与周围声子的散射作用逐渐增强,热电子可通过电子-声子相互作用将能量传递给金属微纳结构表面的其他原子,引起晶格振动,在 100 ps 到 10 ns 的时间内,晶格中的能量以热的形式向周围环境介质中耗散,引起金属纳米结构的局部加热(图 5.2.3(d))。

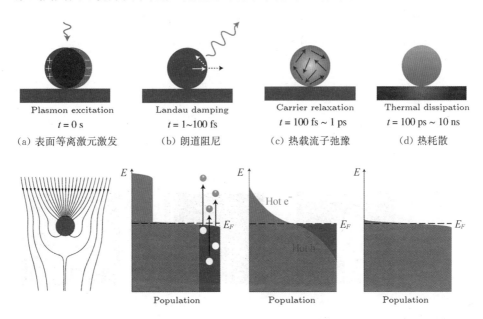

     (a) 表面等离激元激发　 (b) 朗道阻尼　 (c) 热载流子弛豫　 (d) 热耗散

图 5.2.3　表面等离激元微纳结构吸收光子后在不同时间尺度下热产生的物理图像

5.2.2　光热效应

由上一节结果可以知道,金属微纳结构中光能向热能的转换主要依赖于微纳结构周围局域电场增强及光吸收过程,其热产生功率 Q 可通过热源密度(Heat source density) $q(r)$ 对微纳结构进行体积分[40-41]:

$$Q = \int_V q(r)\mathrm{d}^3 r = \int_V \frac{1}{2}\mathrm{Re}[\boldsymbol{J}^*(\boldsymbol{r}) \cdot \boldsymbol{E}(\boldsymbol{r})]\mathrm{d}^3 r \tag{5.2.1}$$

式中,$\boldsymbol{J}(\boldsymbol{r})$ 是电流密度,$\boldsymbol{E}(\boldsymbol{r})$ 是电磁场强度,且有 $\boldsymbol{J}(\boldsymbol{r}) = \mathrm{i}\omega \boldsymbol{P}$ 和 $\boldsymbol{P} = \varepsilon_0 \varepsilon(\omega)\boldsymbol{E}$。该公式可最终简化为:

$$q(\boldsymbol{r}) = \frac{\omega}{2}\mathrm{Im}(\varepsilon(\omega))\varepsilon_0 \mid \boldsymbol{E}(\boldsymbol{r}) \mid^2 \tag{5.2.2}$$

由上式可以看出,热源密度 $q(r)$ 与金属微纳结构内部电场强度的平方成正比。同时,由于金属微纳结构的尺寸通常远小于入射波长,因而其内部的电场可看作均匀分布,因此其热源密度分布也相对均匀,如图 5.2.4(c)所示。考虑到金属微纳结构相比于周围环境介质具有更高的热导率,其内部产生的热能将以极短的时间扩散至整个球体,因此可近似认为金属微纳结构中的温度是均匀的(图5.2.4(d)),其温度分布表达式为:

$$\Delta T(r) = \frac{Q}{4\pi K_m r} = \frac{\sigma_{Abs}(\omega)I(\omega)}{4\pi K_m r} \tag{5.2.3}$$

式中,r 是距离微纳结构中心的距离,K_m 是微纳结构与周围环境(假定其是均匀介质)之间的热传导系数。

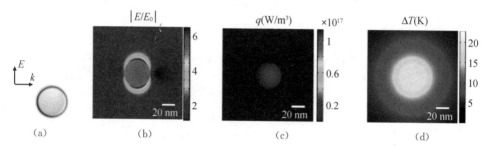

图 5.2.4 (a)金纳米球及其(b)电场、(c)热源密度、(d)温度场分布特性(入射光 525 nm)

5.3 热电子效应

在金属与半导体形成的纳米异质结中也存在热电子注入,以 n 型半导体为例,金属微纳结构表面等离激元共振效应产生的热电子若具有足够的能量,则可越过金属和半导体界面处形成的肖特基势垒,传递至相邻半导体的导带。初始热平衡状态下,金属微纳结构中的电子排布是连续的费米-狄拉克分布,如图5.3.1(a)所示,当有入射光激发时,表面等离激元共振效应使得电子能量增加,产生的热电子可以越过肖特基势垒注入相邻半导体的导带中。如图5.3.1(b)所示,随着电子-电子散射作用,热电子的能量迅速衰减,只有部分高能热电子能克服肖特基势垒注入半导体中。如图5.3.1(c)所示,随着一系列的电子-电子、电子-声子相互作用,热电子逐渐弛豫为低能电子,整个体系恢复到平衡状态。热电子在金属与半导体界面间的高效传递需满足以下几个条件[42-44]:①热电子的初始能量能够克服界面肖特基势垒注入半导体导带;②金属与半导体直接接触,且接触面积足够大;③金属与半导体形成的异质界面具有较少的晶格缺陷或杂质,能够有效抑制界面缺陷对热电子的捕获,实现热电子在界面间的快速传递。

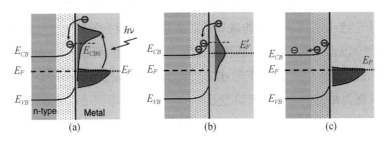

图 5.3.1　热电子注入机理

5.4　总结与展望

本章系统地回顾了基于表面等离激元增强的光与物质相互作用的机理及相关应用的最新研究进展。这些研究表明,表面等离激元的增强作用与微纳结构自身特性密切相关。首先,通过设计特定形貌和结构的金属纳米颗粒,可实现覆盖紫外-可见光-近红外乃至远红外的宽谱选择可调的光响应,为实现性能丰富、概念突破的光子器件提供了丰富的自由度。其次,借助于表面等离激元对电磁场具有强局域约束作用,光场和能量被限制在亚波长尺度,这使得各种光和物质的相互作用得到了显著增强。本章回顾了各种基于表面等离激元增强的光和物质相互作用的相关应用,如荧光、拉曼散射、光热作用、光化学过程等。

尽管如此,表面等离激元在基础物理和应用研究中仍存在着诸多亟待解决的关键科学问题技术瓶颈及大范围、低成本、高效率应用的挑战。例如,现在对表面等离激元的微观机理(如量子等离激元)、光电转换时热电子所起的物理和化学效应等前沿基础问题的认知和回答仍需要科学家进一步的关注和努力。表面等离激元增强的光物理和化学效应及应用涉及纳米尺度乃至原子/分子水平上的光物理、原子和分子物理、光谱物理、凝聚态物理、量子物理、量子化学、表面化学、分子反应动力学等方面的知识,是一个包含了多学科领域的科学和技术问题,因而需要对这些广泛的学科领域有一个深入和综合性的理解,才能针对某一个特定的物理、化学效应和器件功能,寻找出一个最优化的理论方法、实验技术和工艺流程的综合方案。发展合成和制备高性能、低损耗的单晶贵金属(金、银)颗粒和薄膜等基础材料,同时进一步研制和发展新型的表面等离激元材料,如半导体、二维材料等,以有效地解决金属材料损耗过大的难题。最后,表面等离激元材料和器件走向大规模的实际应用,亟须发展先进的平面和立体纳米加工和制造技术及工艺,以快速、精确、高效地制造出符合理论设计的表面等离激元结构、器件和芯片。

参考文献

[1] Raether H. Surface plasmons[M]. Berlin：Springer，1988.

[2] Maier S A. Plasmonics：fundamentals and applications[M]. New York：Springer Science & Business Media，2007.

[3] Polman A. Plasmonics applied[J]. Science，2008，322：868-869.

[4] Maier S A，Brongersma M L，Kik P G et al. Plasmonics-a route to nanoscale optical devices[J]. Advanced Materials，2001，13 (19)：1501-1505.

[5] 童廉明,徐红星. 表面等离激元：机理、应用与展望[J]. 物理,2012,41(9)：582-588.

[6] Lu X M，Rycenga M，Skrabalak S E，et al. Chemical Synthesis of Novel Plasmonic Nanoparticles[J]. Annual Review of Physical Chemistry，2009，60：167-192.

[7] Novotny L，van Hulst N. Antennas for light[J]. Nature Photonics，2011，5(2)：83-90.

[8] Nelayah J，Kociak M，Stéphan O，et al. Mapping surface plasmons on a single metallic nanoparticle[J]. Nature Physics，2007，3：348-353.

[9] Maier S A. Plasmonics：Metal nanostructures for subwavelength photonic devices[J]. IEEE Journal of Selected Topics in Quantum Electronics，2006，12 (6)：1214-1220.

[10] Wiley B J，Im S H，Li Z Y，et al. Maneuvering the surface plasmon resonance of silver nanostructures through shape-controlled synthesis[J]. Journal of Physical Chemistry B，2006，110(32)：15666-15675.

[11] Amendola V，Pilot R，Frasconi M，et al. Surface plasmon resonance in gold nanoparticles：a review [J]. Journal of Physics-Condensed Matter，2017，29 (20)：203002.

[12] Wang Y，Yu J Y，Mao Y F，et al. Stable, high-performance sodium-based plasmonic devices in the near infrared[J]. Nature，2020，581：401.

［13］Valenti M，Venugopal A，Tordera D，et al．Hot Carrier Generation and Extraction of Plasmonic Alloy Nanoparticles［J］．ACS Photonics，2017，4：1146-1152.

［14］Kumarasinghe C S，Premaratne M，Bao Q L，et al．Theoretical analysis of hot electron dynamics in nanorods［J］．Scientific Reports，2015，5：12140.

［15］Camargo P H C，Rycenga M，Au L，et al．Isolating and Probing the Hot Spot Formed between Two Silver Nanocubes［J］．Angewandte Chemie International Edition，2009，48(12)：2180-2184.

［16］Zhu C H，Meng G W，Huang Q，et al．Vertically aligned Ag nanoplate-assembled film as a sensitive and reproducible SERS substrate for the detection of PCB-77［J］．Journal of Hazardous Materials，2012，211：389-395.

［17］Fang J X，Du S Y，Lebedkin S，et al．Gold Mesostructures with Tailored Surface Topography and Their Self-Assembly Arrays for Surface-Enhanced Raman Spectroscopy［J］．Nano Letters，2010，10(12)：5006-5013.

［18］Pellegrini G，Celebrano M，Finazzi M，et al．Local Field Enhancement：Comparing Self-Similar and Dimer Nanoantennas［J］．Journal of Physical Chemistry C，2016，120(45)：26021-26024.

［19］Besteiro L V，Govorov A O．Amplified Generation of Hot Electrons and Quantum Surface Effects in Nanoparticle Dimers with Plasmonic Hot Spots［J］．Journal of Physical Chemistry C，2016，120(34)：19329-19339.

［20］Jacob Z，Smolyaninov I I，Narimanov，E E．Broadband Purcell effect：Radiative decay engineering with metamaterials［J］．Applied Physics Letters，2012，100(18)：181105.

［21］Mueller N S，Okamura Y，Vieira B G M．Deep strong light-matter coupling in plasmonic nanoparticle crystals［J］．Nature，2020，583(7818)：780.

［22］Khanal B P，Pandey A，Li L，et al．Generalized Synthesis of Hybrid MetalSemiconductor Nanostructures Tunable from the Visible to the Infrared［J］．ACS Nano，2012，6(5)：3832-3840.

［23］Ragab A E，GadallahA S，Mohamed M B．Photoluminescence and upconversion on Ag/CdTe quantum dots［J］．Optics & Laser Technology，2014，63：8-12.

［24］Dulkeith E，Morteani A C，Niedereichholz T，et al．Fluorescence Quenching of Dye Molecules near Gold Nanoparticles：Radiative and Nonradiative Effects［J］．Physical Review Letters，2002，89(20)：203002.

［25］Chan Y H，Chen J X，Wark S E，et al．Using Patterned Arrays of Metal Nanoparticles to Probe Plasmon Enhanced Luminescence of CdSe Quantum Dots［J］．ACS Nano，

2009，3：1735-1744.

[26] Zhou H L, Zhang X Y, Xue X M, et al. Nanoscale Valley Modulation by Surface Plasmon Interference[J]. Nano Letters，2022，22(17)：6923-6929.

[27] Zheng J, Ding Y, Tian B Z, et al. Luminescent and Raman Active Silver Nanoparticles with Polycrystalline Structure[J]. Journal of the American Chemical Society，2008，130(32)：10472.

[28] Yuan Q, Zhang Y F, Chen Y, et al. Using silver nanowire antennas to enhance the conversion efficiency of photoresponsive DNA nanomotors[J]. Proceedings of the National Academy of Sciences of the United States of America，2011，108(23)：9331-9336.

[29] Le Guevel X, Wang F Y, Stranik O, et al. Synthesis, Stabilization, and Functionalization of Silver Nanoplates for Biosensor Applications[J]. Journal of Physical Chemistry C，2009，113(37)：16380-16386.

[30] Noginov M A, Zhu G, Belgrave A M, et al. Demonstration of a spaser-based nanolaser [J]. Nature，2009，460(7259)：1110-2.

[31] Lu Y, Liu G L, Kim J, et al. Nanophotonic crescent moon structures with sharp edge for ultrasensitive biomolecular detection by local electromagnetic field enhancement effect[J]. Nano letters，2005，5(1)：119-124.

[32] Atwater H A, Polman A. Plasmonics for improved photovoltaic devices[J]. Nature Materials，2010，9(3)：205-213.

[33] Li Z Y. Mesoscopic and Microscopic Strategies for Engineering Plasmon-Enhanced Raman Scattering[J]. Advanced Optical Materials，2018，6：1701097.

[34] Shan F, Zhang X Y, Fu X C, et al. Investigation of simultaneously existed Raman scattering enhancement and inhibiting fuorescence using surface modifed gold nanostars as SERS probes[J]. Scientific Reports，2017，7：6813.

[35] Jiang R B, Li B X, Fang C H, et al. Metal/Semiconductor Hybrid Nanostructures for Plasmon-Enhanced Applications [J]. Advanced Materials，2014，26(31)：5274-5309.

[36] Kittel C. Way of Chemical Potential[J]. American Journal of Physics，1967，35 (6)：483.

[37] Zhang T, Wang S J, Zhang X Y, et al. Progress in the Utilization Efficiency Improvement of Hot Carriers in Plasmon-Mediated Heterostructure Photocatalysis[J]. Applied Sciences-Basel，9(10)：2093.

[38] Li Z W, Hu Y H, Li Y, et al. Light-matter interaction of 2D materials：Physics and

device applications[J]. Chinese Physics B, 2017, 26: 036802.

[39] Schoenlein R W, Lin W Z, Fujimoto J G, et al. Femtosecond Studies of None quilibrium Electronic Processes in Metals[J]. Physical Review Letters, 1987, 58(16): 1680.

[40] Baffou G, Quidant R. Thermo-plasmonics: using metallic nanostructures as nanosources of heat[J]. Laser & Photonics Reviews, 2013, 7(2): 171-187.

[41] 王善江,苏丹,张彤. 表面等离激元光热效应研究进展[J]. 物理学报,2019, 68 (14): 144401.

[42] Bai S, Li X, Kong Q, et al. Toward Enhanced Photocatalytic Oxygen Evolution: Synergetic Utilization of Plasmonic Effect and Schottky Junction via Interfacing Facet Selection[J]. Advanced Materials, 2015, 27(22): 3444-3452.

[43] Foerster B, Spata V A, Carter E A, et al. Plasmon damping depends on the chemical nature of the nanoparticle interface[J]. Science Advances, 2019, 5(3): eaav0704.

[44] Luther J M, Jain P K, Ewers T, et al. Localized surface plasmon resonances arising from free carriers in doped quantum dots[J]. Nature Materials, 2011, 10(5): 361-366.

第六章

纳米集成光学器件工艺方法

随着人们对纳米尺度下光与物质相互作用的认识越来越深入,科研人员得以利用各种新效应、新理论设计具有先进功能的纳米光子器件,甚至纳米集成系统,而这些器件、系统的实现都依赖于纳米制备工艺的发展。纳米制备工艺的成熟与否,在很大程度上影响着器件的形貌,并决定了器件的最终性能,是发展纳米集成光学器件的关键环节[1]。因此,本章对纳米集成光学器件的制备工艺进行介绍。

本章从薄膜制备讲起,然后介绍微纳图形加工技术及自下而上制备纳米结构的方法,并给出了一些纳米光子器件案例。通过本章的学习,读者可以对纳米集成光学器件的各种典型制备工艺具有概括性的了解。

6.1　薄膜制备工艺

6.1.1　真空蒸发沉积技术

真空蒸发沉积制备薄膜,就是在真空条件下将薄膜的原材料加热到熔融状态后使其升华,使得大量原子或分子离开材料表面并沉积在基片上[2]。源的蒸发在高真空环境下进行,且温度与蒸汽压越高,蒸发速度越快。为形成高质量均匀薄膜,应当在较低的蒸发温度和沉积速率下进行蒸发沉积。此外,为了减少台阶效应及其他原因导致膜厚不均匀,可对基片进行加热,使沉积的原子或分子在形成薄膜之前通过横向扩散运动降低薄膜的横向厚度梯度。真空蒸发装置结构如图 6.1.1 所示,它由四个主要部分组成:①真空钟罩,将反应室与外界环境进行隔绝,为真空蒸发沉积构建"真空环境";②蒸发源,制备薄膜的材料放于此处,并被加热蒸发;③基片夹具和加热器;④真空系统,一般利用扩散泵或涡轮分子泵抽真空,为蒸发镀膜提供真空条件。

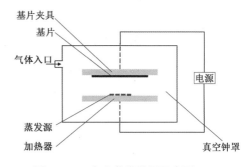

图 6.1.1　真空蒸发装置示意图

6.1.2　溅射沉积技术

溅射沉积就是使溅射气体(Ne、Ar、Kr 等惰性气体)在电场作用下放电形成等离子体,等离子体中带正电荷的离子轰击阴极靶(用于制作薄膜的材料)释放出原子,这些原子沉积在衬底(阳极)上形成薄膜[3]。典型的溅射沉积装置如图 6.1.2 所示。与真空蒸发沉积相比,溅射沉积技术有以下三大优点:①溅射出的原子分子的运动动能比蒸发原子高得多,故形成薄膜的附着力较大;②较高能量的原子具有较大的表面迁移率,可改善台阶效应;③由于被溅射材料不存在加热蒸发沉积时由于高温引起的相变、合金的分馏和化合物组分改变等问题,在制备复合材料和合金时性能更好。

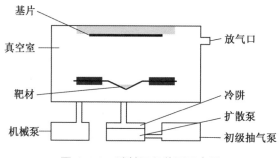

图 6.1.2　溅射沉积装置示意图

6.1.3　化学气相沉积技术

化学气相沉积是基于化学反应的沉积方法,参与反应的化学物质来自气相的化合物。其反应装置如图 6.1.3 所示,在管道状的反应容器中放置样品,发生化学反应的气体自进气口进入反应室,反应的气态生成物从出口排出。在此过程中,管壁和基片的温度可控。在化学气相沉积过程中,首先

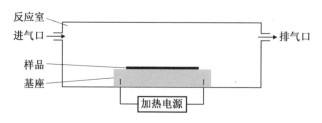

图 6.1.3　化学气相沉积的反应室

热的反应气体混合物从腔体入口向基片附近输运,接着气体反应生成一系列次生原子分子并输送到样品表面,之后在样品表面发生化学反应并逐渐沉积于其上。反应产生的气体副产物解吸附,副产物被输运离开基片表面,最终离开反应器。

利用化学气相沉积技术,可以制备出多层单晶结构、片状石墨烯等高质量的薄膜材料,它是制备微纳光子器件的重要手段。

6.1.4 等离子体增强化学气相沉积技术

等离子体增强化学气相沉积就是用等离子体代替高温实现化学气相沉积要求的化学反应[4]。它采用平板电容式结构,下极板连接温控加热电源以控制衬底温度,上极板连接射频电源,上下极板之间加有射频电压,使得两极之间产生辉光放电,促使反应气体电离并在基体表面或近表面发生化学反应,其所形成的等离子体在衬底表面沉积形成薄膜[5]。其设备结构如图 6.1.4 所示。等离子体增强化学气相沉积镀膜机主要由进气系统、薄膜沉积系统和真空系统三个模块组成。其中,进气系统一般由多个气源和相应的气体流量控制系统组成,针对不同的薄膜材料制备而选择相应的反应气源;薄膜沉积系统一般由反应腔、平板电容式极板、加热系统和射频电源构成;真空抽气系统一般由机械泵和二级真空泵(如分子泵)构成。这种反应可在较低温度下进行,同时等离子体的一些活性生成物能够在相当低的温度下实现表面扩散,克服台阶效应,可用于填充微小的几何结构。

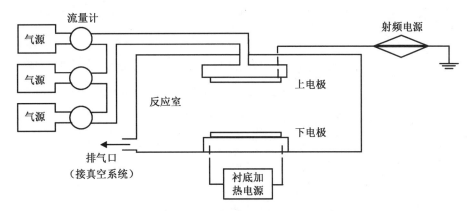

图 6.1.4 等离子体增强化学气相沉积设备结构图

6.1.5 薄膜外延生长技术

外延生长可以在单晶衬底上定向地生长与衬底晶向相同或相似的薄膜。外延生长一般要求能控制生长的晶向和杂质的含量,是产生具有特殊物理性质的半导体薄膜的重要方法[6-7]。

1. 外延生长过程和模型

气相原子的沉积与蒸发是相逆的过程。沉积到表面的原子不一定能形成薄膜,它可能吸附、扩散、沿表面迁移,还可能再蒸发,当表面温度足够高或表面附近气相原子的密度过低时,原子行为以再蒸发为主,很难沉积成膜。外延生长形成的薄膜一般是晶格取向与基片相同的单晶。形成单晶,要求碰撞到表面的原子的位置按基片晶格再排列。晶体生长的过程有三种模型:核生长型、层生长型、层核混合生长型。

核生长与层生长两种类型的外延生长示意图如图 6.1.5 所示,一般异质外延生长时,由于沉积原子与衬底的晶格不匹配,为核生长类型。首先,一小部分原子凝结在衬底表面,之后已附着的沉积原子与其他凝结的原子结合形成原子对或原子团,形成临界核并随机分布在表面;接着微核长大形成三维的"岛";相邻"岛"接触并合,形成存在沟道的准薄膜;最终吸附的原子填满空白的沟道,形成连续薄膜。同质外延或沉积物质与基片物质具有接近的晶格间距时,为层生长类型。在这一过程中,起初形成核化的边,然后在表面上以二维岛的形式生长,逐渐生长成完整的原子或分子层,之后再生长第二层。层核生长型是上述两种生长形式的复合形式。

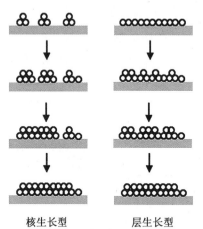

核生长型　　　　层生长型

图 6.1.5　薄膜外延生长示意图

2. 液相外延生长技术

在液相外延生长过程中,基片作为一个电极,在溶液中插入另一个电极。当溶液中通电时,溶液中将发生电迁移和 Peltier 冷却效应,分别有助于补充基片附近的溶质浓度、引起溶液中温度梯度分布。通过对基片附近降温,有助于形成过饱和状态并影响固-液边界层的附着,会大大加快外延生长的速度。但是该技术存在对晶格匹配度要求高(失配小于1%)、难以实现多层复杂结构的生长、难以精确控制膜厚等。

3. 气相外延生长技术

气相外延生长技术主要包括分子束外延、金属有机化合物气相外延、选择式金属有机化合物气相外延等。

(1)分子束外延技术

分子束外延是一种利用分子或原子束在单晶衬底上生长单晶层的外延方法,是一种纯物理方法。与其他薄膜生长方法相比,分子束外延主要有以下三个优点:第一,生长速率慢,很适合精确生长纳米点、纳米带、单原子层薄膜和超晶格材料等;第二,生长过程在超高真空中进行,在高洁净度的衬底上生长时,可避免外来杂质原子污染,从而生长出高质量的外延层;第三,分子束外延是动力学过程,普通热平衡方法难生长的材料可以用分子束外延生长;第四,没有中间化学反应等的影响。

分子束外延设备的基本组成部分包括真空腔及真空泵系统、衬底加热台、蒸发源等。在分子束外延系统中,蒸发源是分子束外延生长的关键部分,在实际过程中,可以根据生长材料的不同,选取不同的蒸发源。如对生长束流的稳定性要求较高时,一般采用K-cell蒸发源;对蒸发温度要求较高时,一般采用电子束蒸发源;对于常温下是气体或液体的蒸发源则要用漏阀将其引入真空腔体。

(2)金属有机化合物气相外延技术

金属有机化合物气相外延(MOCVD)技术原理是使用蒸汽压较高的烷基金属化合物的蒸汽向基片上输送Al、Ga、In等Ⅲ族金属原子,使用Ⅴ族元素的氢化物输送Ⅴ族元素的原子,在基片上反应生成Ⅲ-Ⅴ族化合物的单晶薄膜。采用这种技术可在绝缘基片上异质生长,生长的物质具有一定的多样性[8]。

(3)选择式金属有机化合物气相外延技术

选择式金属有机化合物气相外延生长是基于MOCVD而发展出的一种技术,它首先在衬底上用抗蚀胶制作掩模,然后在没有被掩模覆盖的沉底上直接生长出所需的结构晶体。选择式生长可实现多量子阱光子器件的制备以及对带隙宽度不同的多种光器件进行集成。

4. 量子点的外延生长

随着外延生长技术的发展,其理念已经从宏观发展到微观,基于外延生长的技术已被光电子学及材料学领域的研究者用于制备量子点等先进光子结构[9]。本节将对外延生长的这一前沿方向进行简单介绍。

量子点是半导体量子点的简称,是一种由重金属或无机材料组成的半导体纳米结构,在空间中三个维度均为纳米级,有着带隙可调、发射带宽窄、发光效率高等光学特性,可以广泛应用于微纳发光器件中。外延生长法常被用来实现固态衬底上的量子点的生长,能将普通的半导体材料加工成半导体器件进行应用[10]。

不同半导体材料的外延生长有着不同的生长模式,在衬底材料与外延材料晶格失配的体系中半导体量子点通常以 S-K(Stranski-Krastanow)模式进行生长。在这种生长模式中,衬底上先会层状生长出浸润层,而后由于晶格失配会使得体系释放应变能,令层状薄膜的平面二维生长受到限制,生长模式变为三维的岛状生长。层状生长转为岛状生长时的外延层厚度称为临界厚度,在此过程中外延材料表面会不断发生量子点的沉积及分解。以常见的实现 InAs 量子点在 GaAs 衬底生长为例,两种材料失配度约 7%。InAs 量子点以 S-K 模式在 GaAs 衬底上生长,当 InAs 的沉积厚度超过临界厚度时,InAs 开始岛状生长。实验表明沿特定晶向生长的 InAs 在沉积厚度较薄时结构内无位错。

S-K 模式下形成量子点主要与晶格失配引起的应变能变化有关,与此同时这一过程又关系到具体的生长工艺条件。衬底条件、沉积材料的沉积量、生长温度、生长速率等因素对生长量子点的形貌与光学特性都有着重要的影响。

利用外延生长法,还可以实现多层量子点的生长[11],为纳米光子器件提供更丰富的性质。多层量子点的外延生长可以看作是量子点逐层生长的过程,但是其自组织生长过程并非是简单的单层生长的叠加,需要同时考虑逐层生长与错位应变的影响。

例如,G. S. Solomon 等人就报道了在 GaAs 衬底上生长出垂直排列的 InAs 量子点[12]。这项研究实现了量子点在垂直生长方向的有序排列,证明了垂直排列的量子点间的耦合是光谱峰转移到低能以及线宽减小的原因。实验采用分子束外延法进行量子点生长,在每次生长出的 InAs 层之间设置 GaAs 间隔层,间隔层的厚度即为前文提到的相邻两个浸润层的厚度,而非 InAs 岛的厚度。实验表明当间隔层在一定范围时,量子点会发生垂直耦合。这是因为

InAs量子点与GaAs衬底组成的体系中存在应变场,间隔层的厚度会影响应变场是否能延伸到间隔层表面。如果间隔层厚度在合适范围,那么下层量子点对间隔层的应力会使得该区域变为新生长量子点的优先成核点。在这种结构中量子点在垂直方向进行排列并且量子点的尺寸与分布更加均匀。

此外,利用外延生长技术还可以制备核壳量子点,利用晶格匹配度较高的壳材料对核材料进行包覆,可以改善量子点材料的稳定性,并提高量子点的光电性能,如荧光量子产率、光致发光和电致发光性能等[13-15]。

6.2 微纳图形加工技术

本节对微纳图形加工技术进行讲解。本节首先介绍如今常用于纳米集成光学器件加工的电子束光刻技术和聚焦离子束光刻技术,之后对新兴的飞秒激光加工技术进行介绍。此外,在制备各类纳米集成光学器件时,随集成电路技术发展的紫外光刻技术也是首选加工手段之一,但其精度受到光学衍射极限的限制,在此基础上,本节对超衍射光学光刻技术进行简单介绍。

6.2.1 电子束光刻技术

1. 电子束光刻技术简介

电子束光刻(Electron Beam Lithography,EBL)是最常用的纳米加工技术之一,可以实现对亚10 nm尺寸的纳米集成光学器件的制备[16]。EBL的原理是利用高度聚焦的电子束对光刻胶进行扫描以改变其在显影液中的溶解度[17]。根据扫描后的性质,光刻胶可分为正性(positive)光刻胶和负性(negative)光刻胶两类。正性光刻胶在经过电子束曝光后,可被分解成更小、更易溶解的碎片,在显影液中具有更高的溶解度;而负性光刻胶在电子束曝光过程中会发生交联反应,由较小的聚合物结合成尺寸较大、溶解度较低的聚合物,从而不易溶于显影液。在显影过程后,正性光刻胶被去除,负性光刻胶被保留,从而在光刻胶上形成所设计的图案,并可通过刻蚀将该图案转移到衬底材料上。

2022年,美国Zyvex Labs公司基于扫描隧道显微镜,利用电子束光刻技术制备了线宽0.768 nm的芯片,该线宽相当于仅2个硅原子的宽度,精度远超紫外及极紫外光刻技术,为芯片向亚纳米精度发展提供了途径。

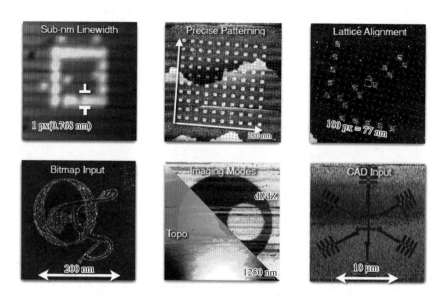

图 6.2.1　Zyvex Labs 展示的原子级别的自动化生产技术[18]

2. 电子束光刻系统

电子束光刻技术起源于扫描电镜,是基于聚焦电子束扫描原理的图形转印技术。聚焦电子束射线波长很短,当加速电压达到 $15\sim20$ kV 时,电子的德布罗意波长仅 $0.007\sim0.01$ nm,具有很小的束斑尺寸。因此,电子束光刻具有极高的分辨率,可满足大部分微纳器件的尺度要求。

电子束光刻系统由电子枪、电子光柱体、电子束发生器、真空系统及工件台控制系统组成,如图 6.2.2 所示。电子发射源用来产生能被控制和聚焦的电子,根据工作方式不同一般分为热电子源和场发射源。其中,热电子源是将阴极加热到足够高的温度,阴极材料中的电子能够获得足够大的动能,使得电子能够突破电子枪金属功函数的势垒而发射出来形成电子束;而场发射源是通过加强电场,使得电子隧穿势垒形成电子源。电发射源出射的电子束的聚焦和偏转是在电子光

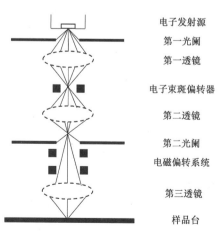

图 6.2.2　电子束光刻系统结构示意图

电子发射源
第一光阑
第一透镜
电子束斑偏转器
第二透镜
第二光阑
电磁偏转系统
第三透镜
样品台

柱体中完成的,电子光柱体由一系列的电子透镜、光阑、挡板等装置组成。电子通过光阑成型,并经过电子透镜会聚成束斑,再经过偏转系统则可以在工作台上进行曝光。

电子束光刻系统的主要工作原理是将聚焦电子束斑点在机台上移动进行扫描,其扫描方式包括光栅扫描和矢量扫描两种,如图 6.2.3 所示。在光栅扫描方式下,电子束逐点扫描,可以通过控制电子束的开关来进行图形的曝光。这种扫描模式是连续不间断的,而且和图形分布无关。光栅扫描模式是逐点扫描的,因此曝光相对稳定,但是曝光速率则可能比较慢。如果要提高曝光分辨率,束斑尺寸相应地要减小,因此需要更长的曝光时间。矢量扫描只在图形区域进行曝光,减少了镜头在非图形区域所花费的时间,因此和光栅扫描相比减少了曝光时间。在矢量扫描模式下,图形的曝光时间与束斑投射次数有关。在实际生产过程中,图形不是一成不变的,需要经常重设基本束斑形状,因此业界推出了曝光的可变束斑模式。在可变束斑模式下,电子束斑会根据具体的图形进行调整,以改变束斑的基本形状,从而大大减少了工艺时间。

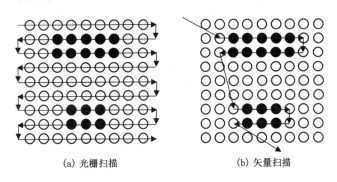

(a) 光栅扫描　　　　　　　　(b) 矢量扫描

图 6.2.3　光栅扫描与矢量扫描

3. 光学邻近效应

EBL 技术具有分辨率极高的优点,并且能够在无掩模的情况下制备任意图形,但其在制备大面积复杂图案时耗时较多,且受到光学邻近效应的限制。

光学邻近效应是指在电子束光刻过程中,电子在光刻胶和基板处的散射效应会影响邻近的图形,造成图像的劣化。电子束光刻中应用的电子能量一般为 $10\sim100\ \mathrm{keV}$,在光刻胶中的传播距离在 $10\ \mu\mathrm{m}$ 以上,远远大于目前光刻胶的厚度。因此,高能电子能够轻而易举地穿透光刻胶到达基底表面。当电子在光刻胶中传输和穿透光刻胶接触基底表面时,电子束一般发生两种散射,即前向散射和后向散射,如图 6.2.4 所示。前向散射是非弹性散射,电子与光刻胶或者基底中的原子外层电子发生碰撞,被碰撞的原子会发生电离或在材料中产生二次电子。如果碰撞发生在光刻胶的分子中,那么分子链就会发生断裂。由于是非弹性碰撞,因此电子的散射角度很小。后向散射是指电

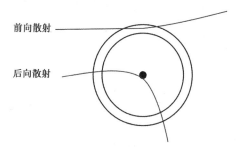

图 6.2.4　前向散射和后向散射

子与原子核发生弹性碰撞,这种碰撞会大幅度改变电子的运动轨迹,从而导致邻近效应的产生。

高能电子在光刻胶中传输时,会将能量转化为大量能量约为 $2\sim50$ eV 的二次电子,这些电子是光刻胶被改性的主要原因。这些低能电子在光刻胶中的传输距离只有几纳米,因此单个电子对临近效应的贡献几乎可以忽略不计。但是所有二次电子共同产生的效应和发生前向散射的电子造成的曝光区域扩大是无法忽视的,这也是电子束光刻设备提高分辨率的瓶颈。

高能电子在失去其全部能量前可传输的距离是由电子所携带的能量和光刻胶的材料共同决定的。入射电子所携带能量越高,电子传播路线受到前向散射造成的影响就越小。发生后向散射的电子的散射角会随着电子能量的增强而增大,且后向散射带来的影响与基底材料也有一定的关系,基底材料的原子序数越小(即原子核越小),后向散射造成的影响就越小。

电子散射效应是研制高分辨率电子束光刻系统的主要难点。是否对邻近效应进行修正对显影出来的图形质量有着决定性的影响。对于电子束光刻系统而言,高能电子意味着高分辨率,但同时也带来了更大的邻近效应,因此电子束光刻系统的设计中需要权衡考虑精度、速度和准确度等因素。

6.2.2　聚焦离子束刻蚀技术

1. 聚焦离子束刻蚀技术简介

聚焦离子束(Focused Ion Beam,FIB)刻蚀技术是一种将离子束聚焦并对样品表面进行轰击,通过将样品表面原子溅射出来实现样品图案化的技术。聚焦离子束刻蚀技术是在常规离子束和聚焦电子束系统研究的基础上发展起来的,除具有扫描电子显微镜的成像功能外,由于离子质量较大,经加速聚焦后还

可对材料和器件进行刻蚀、沉积、离子注入等微纳加工,因此在纳米领域起到越来越重要的作用。如果在聚焦离子束刻蚀的同时注入化学气体,就可实现局部的化学气相沉积,从而得到所需的沉积图案。

样品表面在离子束轰击时会产生二次离子以及二次电子,它们可以用来成像以直接观察离子束轰击过程中表面的变化,因此聚焦离子束技术与扫描电镜(SEM)技术类似:扫描电镜是利用聚焦的电子束扫描样品表面,而聚焦离子束技术是利用聚焦的离子束扫描样品表面。不同的是,聚焦离子束可同时进行表面成像及表面的纳米加工,而扫描电镜只能进行表面成像。

聚焦离子束系统最常用的离子源为液态金属离子源(LMIS),特别是镓金属离子源。将镓和一个钨针接触在一起,然后将镓加热融化,液态的镓便会在表面张力的作用下流到针尖,润湿钨针尖的表面。由于表面张力和电场力在针尖相反方向的作用,液态镓会形成一种称作"Taylor Cone"的锥形体。这一锥形体的尖端半径很小,只有大约 2 nm。作用在此尖端上巨大的电场($>1\times10^{8}$ V/cm)会使镓原子电离并进行场发射。离子源发射出来的离子通常可以加速到 $0.5\sim30$ kV 的能量,并由静电透镜聚焦到样品表面。

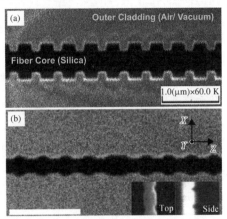

图 6.2.5　利用聚焦离子束刻蚀技术制备的微纳结构[19-21]

随着电镜技术的发展,聚焦离子束(FIB)的应用已经从截面检测扩展到纳米图像制备、透射样品制备、三维成像和分析、电路编辑和修复等。

2. 双束系统

由聚焦离子束(FIB)与扫描电子显微镜(SEM)结合而成的双束(电子束和离子束)系统既可以单独担当 FIB 和扫描电镜的工作,又能同时发挥电子束和离子束的各自优势。因而双束系统可以完成单束电镜无法实现的任务,为离子束的应用开辟了更广阔的领域。

在双束系统中离子束有三种主要功能:成像、切割、沉积/增强刻蚀(如图 6.2.6 所示)。

如图 6.2.6(a)所示,聚焦离子束可以像电子束一样在样品表面微区进行

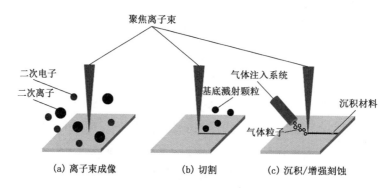

图 6.2.6　双束系统中 FIB 的三种功能

逐行扫描,在此过程中会产生二次电子和二次离子,这两种信号均可用来成像。在离子束扫描多晶材料成像时,沿不同的晶面入射时穿透深度不同,穿透越深,返回表面的二次离子越少,相应激发出的二次电子也越少,图像表现较暗。这种晶体取向衬度为多晶材料的晶体取向研究提供了方便,在一定程度上获得了电子背散射衍射(EBSD)才能实现的效果。

如图 6.2.6(b)所示,聚焦离子束的切割功能是通过离子束与表面原子之间的碰撞将样品表面原子溅射出来实现的,由于 Ga 离子可以通过透镜系统和光阑将离子束直径控制到纳米尺度,所以可以通过图形发生器来控制离子束的扫描轨迹来对样品进行精细的微纳加工。目前最先进的图形发生器已经采用 16 位控制系统,可以将离子束的最小扫描间隔减少至 0.6 nm。在加工绝缘体样品时,由于长时间的离子加工,会在样品表面积累大量的正电荷,从而影响后续的离子束的加工,因此双束系统中的电子束,可以通过大电流扫描来中和样品表面由离子束加工所带的正电荷,从而解决了后期因为电荷积累而引起的加工漂移。

如图 6.2.6(c)所示,离子束的第三种应用是与气体注入系统(GIS)结合起来实现沉积或者增强刻蚀。GIS 可将含有金属的有机前驱物加热成气态并通过针管喷到样品表面,当离子或电子在该区域扫描时,会将有机前驱物分解成易挥发成分和不易挥发成分,不易挥发成分中的金属会残留在扫描区域,挥发性气体则会随排气系统排出。这一过程称为离子束诱导沉积(IBID)或电子束诱导沉积(EBID),从而可以沉积出设计好的图形。目前常用的前驱物可以沉积 Pt、C、W、Au、SiO_2 等。还有一类前驱物可以与离子束刻蚀掉的样品部分反应生成挥发性产物,减少再沉积现象,从而提高加工效率,这一方式称为气体增强刻蚀。在图形发生器的控制下可沉积/刻蚀出设计好的图形。

6.2.3　飞秒激光加工技术

1. 飞秒激光加工技术简介

飞秒激光是一种脉冲持续时间在 10^{-15} s 量级的短脉冲激光,主要利用了材料的非线性吸收,可以通过极高的电场强度瞬间能将电子从原子中电离,而在此过程中对加工区域产生极小的热影响,同时过程中不存在等离子体屏蔽效应,可以大大提高加工效率和精度。此外,飞秒激光加工具有确定的阈值,有很好的可重复性,广泛应用于金属、半导体、玻璃、聚合物等材料。这些优秀的性质使得这一技术可以在保持原子晶向和结合方式的条件下实现对多种材料的加工。

在利用飞秒激光脉冲进行加工时,由于能量沉积时间极短,脉冲辐照能量在材料热扩散之前就已经终止,避免了能量在辐照区域外的损耗,实现了精度极高的材料加工。在加工区域材料温度瞬间急剧升高,达到远高于熔点甚至汽化的温度范围,这使得靶材被瞬间电离,最终产生高温、高压、高密度的等离子态。同时,由于靶材的束缚力已不足以抑制高密度等离子体的膨胀,最终导致等离子体和作用靶材向外喷射,而由于飞秒脉冲极短的持续时间,使得在等离子体膨胀之前(等离子体膨胀速率约为 10^4 m/s 量级),脉冲便已结束,有效地避免了等离子体屏蔽效应。喷射出的等离子体带走了大量的热量,使得作用之后的靶材温度瞬间降温,有效地避免了材料的热融化,真正实现了"冷加工"。如图 6.2.7 所示,利用飞秒激光可以实现对纳米图形的超精细加工,从而制备出具有特定功能的器件。

利用超快激光,还可以实现双光子聚合(TPP)加工[24]。双光子聚合是指加工靶材在超快激光作用下,一个分子同时吸收两个光子的现象。在此过程中,响应区域可以突破衍射极限,实现高分辨率的加工,此外,极小的热效应以及加工方式便捷等优点使其大量应用于纳米光子器件的制作。除了图案化制备外,双光子聚合技术还可应用于光子晶体的制备,降低了光子晶体(通常通过半导体生长技术)的制备难度和成本;另外,也可将双光子聚合技术推广于生物医学方向,更好地实现材料与组织结构的兼容。

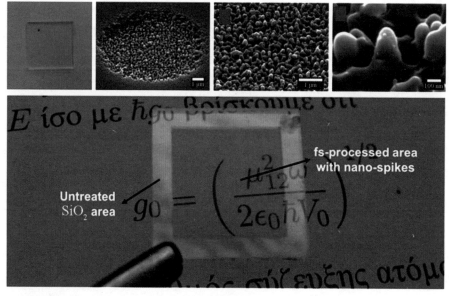

（a）减反膜[22]

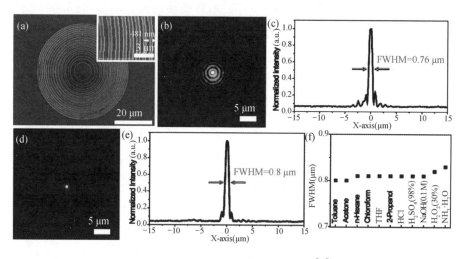

（b）具备高环境稳定性的微型菲涅尔透镜[23]

图 6.2.7　利用飞秒激光加工技术制备的纳米光学元件

2. 飞秒激光加工系统

　　飞秒激光加工系统的结构如图 6.2.8 所示。飞秒激光自激光器发射后，依次经过半波片、中性衰减片，实现对激光偏振态、能量的控制；之后，一部分激光传输进 CCD 探测器实现对实验的动态监控，另一部分激光经聚焦物镜会聚在样品表面或内部实现加工。计算机上的平移台控制系统可对电控平台进行精密的位移控制,从而实现样品高精度的移动,在样品上制备出复杂的结构图案。现有的商用平移台电控分辨率可达 10 nm,最大承重 200 kg,即使是大质量样品,也能实现六维高精度加工。

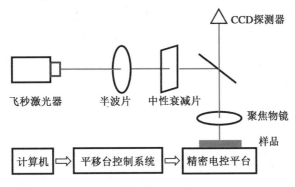

图 6.2.8　飞秒激光加工系统结构示意图

3. 飞秒激光加工方式

根据加工方式,可将飞秒激光加工分为纵向加工、横向加工两类[25]。

如图 6.2.9(a)所示,纵向加工是通过控制电控平移台使得移动方向平行于激光传输方向,这种直写方式的优点在于几何波导横截面更加接近于一个完整的圆形,三维上表现为规整的圆柱结构,这主要是由光场聚焦后的横向截面决定。该方法的优点在于可以制作出数值孔径(Numerical Aperture, NA)较大的波导结构,同时加工可以在任意截面位置刻写,不会受到加工深度的制约。但是纵向加工的方式由于受到聚焦透镜聚焦深度和相差的影响,会面临加工工作距离短和焦点失真的问题。

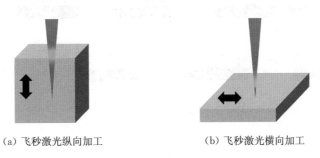

（a）飞秒激光纵向加工　　　　（b）飞秒激光横向加工

图 6.2.9　飞秒激光加工方式

如图 6.2.9(b)所示,横向加工是通过控制电控平移台使得波导移动方向垂直于脉冲输出方向这种加工方式优点是不再受到透镜聚焦工作距离的限制，能实现更加复杂结构的加工，比如 U 型波导、Y 型分束波导等，波导长度只依赖于平移台的运动行程。但是采用横向扫描的方式将导致非对称液滴形特征截面的出现，这是由于通常使用的高斯光束加工光源焦点深度 Z_r 比光斑尺寸 W_0 大而导致的，我们可以通过对样品多次扫描、幅值或相位调制器件的引入实现对称性的补偿。同时横向加工的方式对加工深度的选择并非任意的，通常只能在距离加工表面深度 500 μm 以内进行加工，这是由于更深的加工深度带的像散将破坏加工效果。

6.2.4　紫外光刻技术

紫外光刻技术是十分常用的纳米图形加工技术。紫外光透过掩模版照射在上覆光刻胶的样品表面上，从而对具有感光特性的光刻胶进行改性，将掩模版上的图案转移到光刻胶上。紫外光刻的操作流程包括涂光刻胶、前烘、曝光、后烘、显影、刻蚀、去胶等[26]，简易流程图如图 6.2.10 所示。与 6.2.1 节讲解的电子束光刻技术类似，用于紫外光刻技术的光刻胶也分为正性光刻胶和负性光刻胶两类，且其基本性质与电子束光刻胶相同。以正性光刻胶为例，对光刻胶进行曝光、显影后，曝光区域的光刻胶会溶解在显影液中，而未曝光的区域会保留在衬底上。对器件进行刻蚀并移除光刻胶后，便实现了将掩模版的图案转移到待加工材料上。

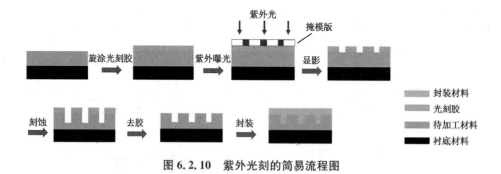

图 6.2.10　紫外光刻的简易流程图

最初的紫外光刻技术使用汞灯作为紫外光源，其在不同波长具有不同峰值，如 436 nm 波长的峰被称为 G 线，365 nm 的峰被称为 I 线。但是，随着集成电路行业的发展，对器件加工精细度的要求越来越高，汞灯已无法满足加工需求,由此开发出了利用准分子激光器作为光源的深紫外(deep UV, DUV)光刻技术。最常用的准分子激光器主要为波长 248 nm 的氟化氪气体准分子激光器和波长 193 nm 的氟化氩准分子激光器。但是,利用深紫外光源进行加工依旧受到光学衍射效应的限制,如采用 193 nm 的氟化氩准分子激光器作为光源进行光刻时,若不借助空间分辨率倍增等技术,即使引入各种分辨率增强技术,其单次浸没式光刻的线宽分辨率也无法突破 34 nm 的理论极限[27]。极紫外(Extreme UV, EUV)光刻技术应运而生。

极紫外光刻技术利用 13.5 nm 软 X 射线作为光源,可实现更高的分辨率。用于极紫外光刻系统的光学元件和掩模版材料与传统紫外光刻的元件有很大不同。比如,由于各种材料对极紫外波段光的强吸收特性,传统的折射式透镜成像已完全不适用,必须构建反射式光路系统;而强吸收对应的低表面反射,使得用于极紫外光刻系统的各类透镜也需要定制,如基于钼/硅材料交替组成的多层光学薄膜可以极大增强对 13.5 nm 光的反射,峰值反射率可达 68%。利用极紫外光刻技术,荷兰 ASML 公司的光刻机可以实现最高精度达 3 nm 制程的芯片生产,为全球加工精度最高的紫外光刻系统。

6.2.5　超衍射光学光刻技术

1. 超衍射光学光刻技术简介

虽然利用 13.5 nm 极紫外(EUV)光源可以实现高精度的芯片加工,但该光源波长短、能量高,系统元件均需定制,且使用成本极为高昂[28]。因此在高精度加工领域,科研人员通常使用电子束直写、聚焦离子束直写等手段,但仍存在系统复杂、成本较高的问题。如何利用光学手段实现高精度、低成本的光刻系统成为微纳加工领域研究的重点之一。

21 世纪初,表面等离激元的兴起为亚波长的超衍射光学光刻提供了物理思路和研究途径,推动了超分辨光刻这一研究领域的发展[29-31]。随着科学研究的不断深入,实验上已制备出分辨率约 20 nm 的超衍射光学光刻系统,且理论上证实了可实现低于 10 nm 分辨率的系统。本节对基于表面等离激元的超衍射光学光刻技术,即等离激元超透镜成像光刻进行介绍。

2. 等离激元超透镜成像光刻

传统透镜的衍射极限源于倏逝场中高频信号的损耗,利用第四章介绍的负折射率材料原理[32]，可以在光频段通过共振激发表面等离激元模式实现超分辨成像，即超透镜成像。基于这一理论，大量科研人员开展了对准静态、近场下的等离子体光刻的研究。

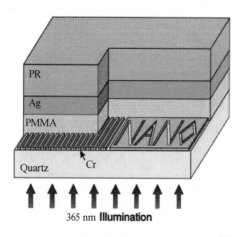

图 6.2.11　超透镜成像光刻结构示意图[34]

超透镜成像光刻的原理为利用纳米金属结构激发等离激元模式、增强携带高频空间信息的倏逝波强度，并借助负折射成像效应，将掩膜图形转移到光刻胶上[33-34]。若纳米金属结构的介电常数与环境介质介电常数匹配，用紫外光照射掩模图形时，在邻近金属薄膜两侧会共振激发相互耦合的等离激元模式，在薄膜另一侧的光刻胶上可实现大小比例为 1∶1 的掩模图形的超分辨成像光刻。

在超透镜成像光刻技术中，超透镜层的表面粗糙度会大大影响系统的光刻质量。金属-介质界面的高曲率点会产生电磁"热点"，并通过超透镜层传输，导致等离激元层表面的不平整被放大为更大的线边缘粗糙度。这一特性与电磁"热点"在表面增强拉曼光谱（SERS）领域的原理类似，但在超透镜光刻系统中，这一特性成为提高图案精细度的阻碍因素。当热点场叠加在光阻层的图像场上时，附加的噪声大小与图像场相似或更大，会导致显著的线边缘粗糙度[35]。若要实现低于 5 nm 的线边缘粗糙度，则需要超光滑（甚至是原子级光滑）的界面。近年的研究表明，利用多层金属介质超透镜系统（也称为双曲超材料超透镜）可以缓解等离激元超透镜成像光刻中的线边缘粗糙度效应，这是由于在保留了图像窄频带信号的基础上，选择性滤除了热点产生的空间宽频带波。这为超透镜成像光刻系统的应用提供了有力的支撑。

超透镜成像光刻技术需解决的另一个关键问题是金属的损耗。由于高频空间频率比低频空间频率的损耗更高，随着超透镜厚度的增加，像的强度和分辨率都会劣化。实验和理论研究都表明，要在单层银基超透镜中实现超分辨率，银厚度必须小于 60 nm。若要将投影距离增加到微米级，需要开展对超低损耗等离子体材料的研究，或在系统中引入增益以补偿金属损耗。

6.3　基于"自下而上（bottom-up）"技术的纳米集成光学器件制备工艺

"bottom-up"技术的核心概念是通过各种化学合成技术，制备出纳米光学器件基本单元，接着通过各种组装技术，将这些基本单元集成并制造出具有各种功能的器件系统。这种技术在纳米材料形貌的多样性、表面形貌构造、可控生长等方面均具有明显的优势，如制备成本低、工艺简单、易于实现批量生长，是纳米光学集成器件的热点研究方向。

6.3.1　随机组装

在基于"bottom-up"思想的技术中，最简单的方法是先将不同种类的纳米粒子通过旋涂（spin-coating）或者滴铸（drop-casting）的方法随机地分布在基底上，相距较近的粒子会随机地寻找合适的配置进行耦合。如图 6.3.1 所示，不同的纳米粒子随机分布在基底上，如果两个粒子之间的距离足够近，它们之间便可以组合起来形成一个耦合对。这种方法简单，但效率较低，并且不能够用于具有三种及以上成分的复杂结构的制备。

图 6.3.1　随机组装方法示意图

6.3.2　自组装

当沉积过程中使用的纳米粒子之间的相互作用力大到足以克服热扩散（例如亚微米粒子、大分子等），通过选取合适的纳米颗粒材料，这些粒子可以通过范德华力、磁相互作用力或者静电力有序地排布在基底上，这种方法被称为自组装。自组装形成的模式可以通过改变粒子间相互作用力的形式来实现，也可以并行制造不同的构型。如图 6.3.2 所示即为利用自组装技术构造的彩色薄膜器件[36]。

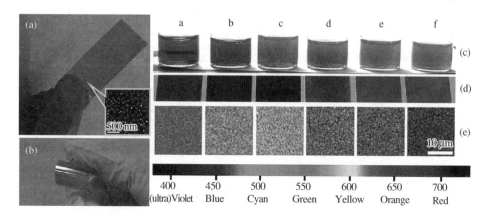

图 6.3.2   利用自组装技术制备的彩色薄膜器件[36]

6.3.3   定向自组装

要改善空间有序结构的控制,可以通过在经过预处理或局部功能化的基底上生长或组装。在这种方法中,蚀刻缺陷或金属纳米颗粒可以作为单半导体量子点或纳米线自组装生长的"种子"。此外,用化学标记绘制图案可以让特定的分子或者纳米颗粒沉积在预定位置上。这种自组装方法可以提供能够单独解决的、空间上分离良好的结构。除了物理缺陷外,还可以利用局部电场、磁场或光学场来制造沉积单原子级粒子的点。

如图 6.3.3(a)所示,纳米线(绿色)主要生长在基板上的预先构图的缺陷上;如图 6.3.3(b)所示,带负电的颗粒(红色球体)沿带正电的导线图案(宽度为 W 的绿色条纹)聚集,均为实现定向自组装的方案。

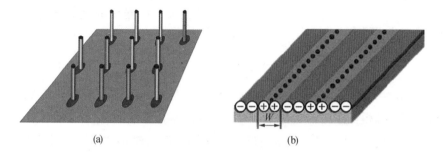

图 6.3.3   定向自组装方法示意图

6.3.4 选择和后处理

这种方法依赖于高精度的现代纳米制造,例如金属氧化物半导体技术。首先,制备随机分布的纳米物体的样品,例如具有光学活性的量子发射体(如量子点或纳米线)。随后,选择一个感兴趣的对象,并以高精度测量其在样品上的相对位置。通常,用标记物阵列对衬底进行构图以促进该过程。在其后处理步骤中,通过光学或电子束光刻在所选对象周围或附近制造电触点,微谐振器或其他元件。使用该技术实现了由单个半导体量子点组成的基本纳米光子系统,该单个半导体量子点牢固地耦合到光学微谐振器(光子晶体结构中的谐振缺陷模式)。由于选择和后处理方法始于随机分布的整体,因此无法按比例放大以组装具有多个发射器的结构。但是,一种可能的解决方案是对具有位置受控发射器的结构进行后处理。如图6.3.4所示,该方案中测量量子点相对于标记物的位置,然后制造光子晶体结构。

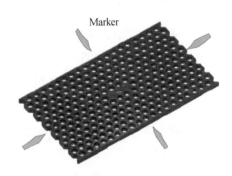

图 6.3.4 选择和后处理方法示意图

6.3.5 DNA 模板折纸技术

由于DNA具有稳定的双螺旋结构和唯一性的碱基互补配对(A－T,C－G),因此利用DNA作为"骨架链"的DNA模板折纸技术可以对金属纳米颗粒进行高精度的定位和组装。DNA模板折纸技术利用多条短碱基链作为"订书钉链",而每条碱基链都可以被精确调控并作为一个"像素"[37-38]。

利用DNA模板进行纳米折纸的基本步骤为:第一,将待组装的金属颗粒进行化学合成,并用DNA对金属颗粒进行修饰;第二,合成DNA折纸模板并进行纯化;第三,在金属颗粒和DNA模板都准备完毕后,将两者按照一定比例混合均匀并退火使两者完全杂交;第四,对产物进行提纯后,即可得到一定排布的纳米颗粒。理论上讲,任何能被DNA修饰或与DNA组装的纳米物质均可通过DNA模板折纸技术进行可控组装。

6.3.6 介电电泳技术

介电电泳(Dielectrophoresis,DEP)这一概念脱胎于带电粒子在溶液中的电泳现象。对于中性纳米颗粒,由于其存在一定的介电特性,在外加电场下会受到不同程度的极化,即在粒子内部产生偶极矩,因此在非均匀、动态的电场中会受到电场力,即介电电泳力,并因而在液态介质中产生定向移动。借助介电电泳技术,仅需控制外加电场的强度即可控制中性纳米颗粒在溶液中的分布、移动和捕获[39],在纳米颗粒分离等方面具有很强的适用性。

通过将介电电泳技术和光镊、流体力等相结合,已经实现了对碳纳米管等纳米材料、金属颗粒的操控;通过将介电电泳技术和微流控技术相结合,诞生了介电电泳芯片这一全新领域,在纳米医疗等领域具有重大应用前景。

6.3.7　纳米操纵技术

纳米操纵技术利用原子力、光应力等直接对纳米颗粒进行操纵和装配,如借助原子力显微镜、光镊对纳米颗粒的移动和分布进行可控操作。

原子力显微镜利用探针对纳米颗粒施加的横向斥力,可以在原子尺度上对纳米颗粒进行定位和操控,对于金属纳米颗粒、半导体纳米颗粒、碳纳米管等多种材料均可适用,且基底兼容性强,可以在多种基底上进行处理。利用原子力显微镜进行纳米操纵时,它应该工作在接触模式,法向力通常为 $10 \sim 50$ nN。如图 6.3.5 所示为利用原子力显微镜对 Dip-pen 方法沉积的颗粒进行精确定位和移动。

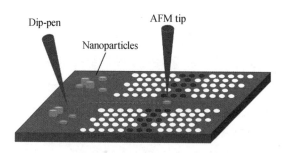

图 6.3.5　原子力显微镜操纵纳米颗粒示意图

光镊是一种基于光辐射压力和光学梯度力对纳米颗粒进行操控的技术,其中光辐射压力是带有动量的光子在和纳米颗粒发生碰撞时产生的指向特定方向的力,梯度力源于纳米颗粒在不均匀电场中产生的偶极矩并因此沿电场方向移动。通过利用高准直性的激光形成势阱,可以以非接触的方式对纳米颗粒的移动进行操纵。

6.4　典型的纳米集成光学器件

在介绍了以上纳米集成光学器件工艺的基础上,本节将向读者展示一些纳米集成光学器件的实例,旨在让读者生动地体会到纳米集成光学器件的先进性及发展纳米集成光学器件工艺的必要性。

如图 6.4.1 为利用 top-down 工艺制备的等离激元电光调制器,该工作在 Si 层厚度为 220 nm 的绝缘体上硅芯片上利用电子束光刻、电子束蒸发等手段制备了厚度为 150 nm 的 Au 内环形及厚度为 350 nm 的外环、电极桥等结构,构成了纳米级别的环形谐振器,实现了开关速率可达亚皮秒量级、工作频率可达 100 GHz 的等离激元电光调制器件,具备小尺寸、大带宽的优势。

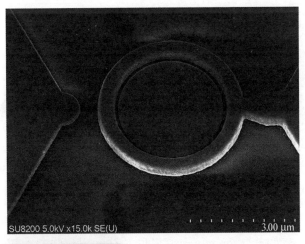

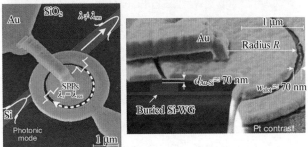

图 6.4.1　利用 top-down 工艺制备的等离激元电光调制器[40]

如图 6.4.2 是利用 top-down 工艺制备的晶格等离激元器件,通过高分辨率聚焦离子束刻蚀技术,在 Ag-Si 界面制备了窄至数十纳米的 Ag 沟道结构,并利用这一结构制备了表面等离激元激光器,可实现线宽低至 0.24 nm 的窄线宽激光。

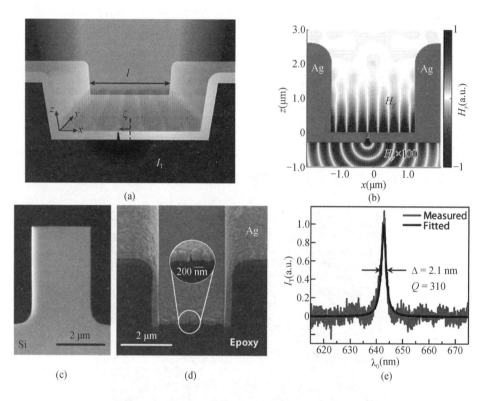

图 6.4.2　基于 **top-down** 工艺的等离激元激光器[41]

如图 6.4.3 为结合 top-down 工艺和 bottom-up 工艺实现的被动显示器件,首先利用光刻技术在金薄膜上进行表面的图案化,之后再在图案化表面上进行间隙层和纳米颗粒的沉积,并通过剥离光刻胶来实现颗粒的定制化分布。通过不断重复该过程,可以实现在薄膜不同位置沉积不同尺寸的间隙层和不同大小和密度的纳米颗粒,最终实现了高分辨率的被动显示器件。

如图 6.4.4 为结合 top-down 工艺和 bottom-up 工艺实现的的高分辨率OLED 器件。该工作利用电子束光刻、聚焦离子束刻蚀手段制备了 Si 模板,在此基础上通过模板转移、Ag 纳米柱沉积、纳米压印等技术制备了小尺寸像元。

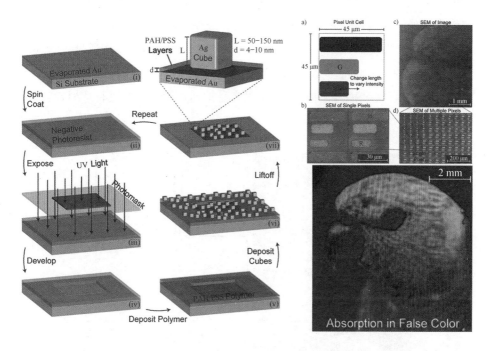

图 6.4.3 结合 top-down 工艺和 bottom-up 工艺制备的高分辨率显示器件[42]

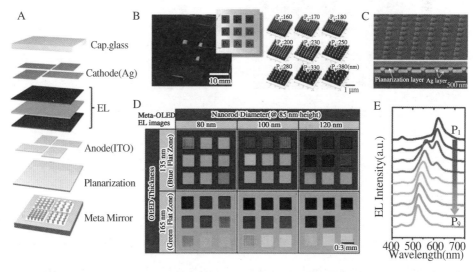

图 6.4.4 结合 top-down 工艺和 bottom-up 工艺制备的高分辨率 OLED 器件[43]

通过调节纳米柱的直径、高度,可实现像元发射光谱的调谐,并利用该基本结构制作出了像素密度可达 10 000 ppi 的高发光效率 OLED 器件。

如图 6.4.5 为利用纳米操纵技术制备的纳米激光器,该工作通过化学气相输送方式制备了高质量单晶 CdSe 纳米线,并通过纳米操纵的方式折叠其一端或两端,形成环镜和耦合谐振腔,并能很容易地通过游标效应进行选模,实现可调谐的单模纳米激光器。[44]

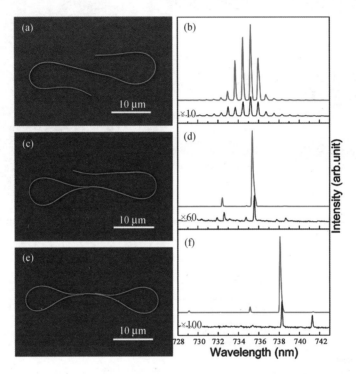

图 6.4.5   通过纳米操纵技术制备的纳米激光器[44]

6.5   总结与展望

纳米集成光学的快速发展,对器件表面形貌的均匀性、功能层厚度、图案精度、材料平台的可拓展性提出了越来越高的要求,高品质、高精度的纳米加工手段是实现纳米集成光学从理论到实践,乃至纳器件及纳系统大规模应用的关键。因此,纳米集成光学器件工艺的发展是极为重要的,是通往下一代光子学器件的必经之路。众多科研人员投身于对工艺的优化和新工艺的开发中,可以预见的是,纳米加工工艺将会持续朝着高精度、高可靠性发展,将各类新颖的器件设计付诸实现。

参考文献

［1］ Hunsperger R J. Integrated Optics[M]. New York：Springer, 2009.

［2］ Holland L. Vacuum Deposition of Thin Films [M]. New York：John Wiley & Sons, 1956.

［3］ Campbell S A. The science and engineering of microelectronic fabrication [M]. Publishing House of Electronics Industry, 2003.

［4］ 李娜,张儒静,甄真,等. 等离子体增强化学气相沉积可控制备石墨烯研究进展[J]. 材料工程,2020,48(7)：9.

［5］ Fedorov M V. L. V. Keldysh's "Ionization in the Field of a Strong Electromagnetic Wave" and modern physics of atomic interaction with a strong laser field[J]. J Exp Theor Phys, 2016,122(3)：449-55.

［6］ He K. Molecular beam epitaxy growth of quantum devices[J]. Chinese Phys B, 2022, 31(12).

［7］ 蒋骞,张静,谢亮,等. 氧化镓薄膜外延生长及其应用研究进展[J]. 材料导报,2022,36 (13)：11.

［8］ Galeuchet Y D, Roentgen P. Selective Area MOVPE of GaInAs/InP Heterostructures on Masked and Nonplanar (100) and (111) Substrates[J]. J Cryst Growth, 1991, 107 (1-4)：147-50.

［9］ Lang J R, Faucher J, Tomasulo S, et al. GaAsP solar cells on GaP/Si grown by molecular beam epitaxy[C]//2013 IEEE 39th Phot Spec Conf, 2013：2100-2104.

[10] Lim J, Bae W K, Kwak J, et al. Perspective on synthesis, device structures, and printing processes for quantum dot displays[J]. Opt Mater Express, 2012, 2(5)：594-628.

[11] Mccabe L N, Zide J M O. Techniques for epitaxial site-selective growth of quantum dots[J]. J Vac Sci Technol A, 2021,39(1)：010802.

[12] Solomon G S, Trezza J A, Marshall A F, et al. Vertically aligned and electronically coupled growth induced InAs islands in GaAs[J]. Phys Rev Lett, 1996,76(6)：952-955.

[13] Peng X G, Schlamp M C, Kadavanich A V, et al. Epitaxial growth of highly luminescent CdSe/CdS core/shell nanocrystals with photostability and electronic accessibility[J]. J Am Chem Soc, 1997, 119(30): 7019-29.

[14] Manna L, Scher E C, Li L S, et al. Epitaxial growth and photochemical annealing of graded CdS/ZnS shells on colloidal CdSe nanorods[J]. J Am Chem Soc, 2002, 124 (24): 7136-45.

[15] Reiss P, Bleuse J, Pron A. Highly luminescent CdSe/ZnSe core/shell nanocrystals of low size dispersion[J]. Nano Lett, 2002, 2(7): 781-4.

[16] Tennant D M. Progress and issues in e-beam and other top down nanolithography[J]. J Vac Sci Technol A, 2013, 31(5).

[17] Kolodziej C M, Maynard H D. Electron-Beam Lithography for Patterning Biomolecules at the Micron and Nanometer Scale[J]. Chem Mater, 2012, 24(5): 774-80.

[18] https://www.zyvexlabs.com/apm/products/zyvex-litho-l/

[19] Nayak K P, Le Kien F, Kawai Y, et al. Cavity formation on an optical nanofiber using focused ion beam milling technique[J]. Opt Express, 2011, 19(15): 14040-14050.

[20] Schell A W, Takashima H, Kamioka S, et al. Highly Efficient Coupling of Nanolight Emitters to a Ultra-Wide Tunable Nanofibre Cavity[J]. Sci Rep-Uk, 2015, 5: 9619.

[21] Romagnoli P, Maeda M, Ward J M, et al. Fabrication of optical nanofibre-based cavities using focussed ion-beam milling: a review[J]. Appl Phys B-Lasers O, 2020, 126(6): 111.

[22] Papadopoulos A, Skoulas E, Mimidis A, et al. Biomimetic Omnidirectional Antireflective Glass via Direct Ultrafast Laser Nanostructuring[J]. Adv Mater, 2019, 31(32): e1901123.

[23] Jin F, Liu J, Zhao Y Y, et al. lambda/30 inorganic features achieved by multi-photon 3D lithography[J]. Nat Commun, 2022, 13(1): 1357.

[24] Li R Z, Peng R, Kihm K D, et al. High-rate in-plane micro-supercapacitors scribed onto photo paper using in situ femtolaser-reduced graphene oxide/Au nanoparticle microelectrodes[J]. Energ Environ Sci, 2016, 9(4): 1458-67.

[25] 张彬, 王磊, 贾曰辰, 等. 基于光场调控的飞秒激光直写光波导研究进展[J]. 光子学报, 2022, 51(1): 15.

[26] 崔铮. 微纳米加工技术及其应用[M]. 3版. 北京: 高等教育出版社, 2013.

[27] Raub A K, Li D, Frauenglass A, et al. Fabrication of 22 nm half-pitch silicon lines by single-exposure self-aligned spatial-frequency doubling[J]. J Vac Sci Technol B, 2007,

25(6)：2224-2227.

[28] Moore S K. Euv Lithography Finally Ready for Fabs[J]. IEEE Spectrum, 2018, 55
(1)：46-48.

[29] Yang H, Trouillon R, Huszka G, et al. Super-Resolution Imaging of a Dielectric
Microsphere Is Governed by the Waist of Its Photonic Nanojet[J]. Nano Lett, 2016,
16(8)：4862-4870.

[30] 王长涛,赵泽宇,高平,等.表面等离子体超衍射光学光刻[J].科学通报,2016,61(6)：
585-599.

[31] 刘畅,金璐頔,叶安培,等.微球透镜超分辨成像研究进展与发展前景[J].激光与光电
子学进展,2016,53(7)：25-37.

[32] Pendry J B. Negative refraction makes a perfect lens[J]. Phys Rev Lett, 2000, 85
(18)：3966-3969.

[33] 胡跃强,李鑫,王旭东,等.光学超构表面的微纳加工技术研究进展[J].红外与激光工
程,2020,49(9)：96-114.

[34] Fang N, Lee H, Sun C, et al. Sub-diffraction-limited Optical Imaging with a Silver
Superlens[J]. Science, 2005, 308(5721)：534-537.

[35] Kim S, Jung H, Kim Y, et al. Resolution Limit in Plasmonic Lithography for Practical
Applications beyond 2x-nm Half Pitch[J]. Adv Mater, 2012, 24(44)：Op337-Op344.

[36] Zhang X Y, Hu A M, Zhang T, et al. Self-Assembly of Large-Scale and Ultrathin
Silver Nanoplate Films with Tunable Plasmon Resonance Properties[J]. ACS Nano,
2011, 5(11)：9082-92.

[37] Mcmullen A, Basagoiti M M, Zeravcic Z, et al. Self-assembly of emulsion droplets
through programmable folding[J]. Nature, 2022, 610：502-506.

[38] Avouris P, Hertel T, Martel R, et al. Carbon nanotubes：nanomechanics,
manipulation, and electronic devices[J]. Appl Surf Sci, 1999, 141(3-4)：201-209.

[39] Chen L, Zheng X L, Hu N, et al. Research Progress on Microfluidic Chip of Cell
Separation Based on Dielectrophoresis[J]. Chinese J Anal Chem, 2015, 43（2）：
300-309.

[40] Haffner C, Chelladurai D, Fedoryshyn Y, et al. Low-loss plasmon-assisted electro-
optic modulator[J]. Nature, 2018, 556(7702)：483-486.

[41] Zhu W Q, Xu T, Wang H Z, et al. Surface plasmon polariton laser based on a metallic
trench Fabry-Perot resonator[J]. Sci Adv, 2017, 3(10).

[42] Stewart J W, Akselrod G M, Smith D R, et al. Toward Multispectral Imaging with

Colloidal Metasurface Pixels[J]. Adv Mater，2017，29(6).

[43] Joo W J，Kyoung J，Esfandyarpour M，et al. Metasurface-driven OLED displays beyond 10 000 pixels per inch[J]. Science，2020，370(6515)：459-463.

[44] Xiao Y，Meng C，Wang P，et al. Single-Nanowire Single-Mode Laser[J]. Nano Lett，2011，11(3)：1122-1126.

第七章

纳系统

人类对光学的研究发生了革命性的变化,从认识光发展到了操纵光、产生光。在 20 世纪 60 年代初,集成电路的出现极大地促进了新兴电子领域的发展,也使得其他领域的研究者们深受启发。随即在 60 年代末,集成光学基于集成电路和激光技术快速发展,将光子器件和电子器件相结合,形成了全新的片上系统。然而,传统的集成光学器件由于受光学衍射极限影响,器件尺度停留在微米尺度,远大于集成电路的纳米尺度。但人们从未停止对光学系统小型化、微型化的探索。

随着纳米光子学新机制不断被提出,制备工艺不断发展,器件的光场已能被限制在亚微米量级,为高集成的芯片级制造提供了新机遇。各种纳米光子器件取代了分立光学元件,利用半导体近似工艺可将多种纳米光子器件集成于同一衬底,形成纳系统,以更小的空间需求构建具有更高复杂度的光学系统,从根本上提升光信号的处理能力,降低单位数据量的处理成本,从而展现出极大的发展前景。

理论上而言,高折射率差的纳米光学器件可显著提高光学系统的集成度。然而此类器件仍然受到光学衍射极限的限制,模式尺寸与波长可比拟,一般为数百纳米量级。尤其当芯层波导截面尺寸缩小时,模式将更多地以倏逝场形式分布,从而削弱了波导对模式的束缚能力。为突破衍射极限,一些新颖结构的提出,包括光子晶体波导、纳米狭缝波导、表面等离激元波导等,使得光与物质相互作用的范围缩小到深度亚波长尺度。在这些新颖的结构中,表面等离激元是介质/金属结构表面处电子的集群振荡,具有超越光学衍射极限的优势[1],并展现出多种新颖的物理现象。现已实现纳米尺度的聚焦和飞秒量级的弛豫时间,在生物、成像、能源、通信等领域得到广泛应用[2-7]。目前国际上大部分研究工作主要将表面等离激元器件集成到微系统($>1~\mu m^2$)。在纳系统($<1~\mu m^2$)方面,随工艺进步,多种新型表面等离激元纳米结构的实现为纳系统的高速发展提供了良好的契机。

就纳系统而言,在原理上引入表面等离激元纳米结构的新概念可以极大地突破光学衍射极限,而在工艺上通过优化纳米器件的制备过程有利于纳米系统的集成。纳米光学器件不仅可以通过化学生长的纳米线(自下而上)形成,也可以通过光刻技术进行制造(自上而下)。该自下而上的工艺可以用于开发半导体纳米线激光器、低功耗的小型化传感平台以及高空间分辨率的成像探头等。从图 7.1.1 可以看出,利用纳米光刻技术将各种功能的纳米元件进行"组装",

可以极大地提高系统的集成度[8]。而对于自上而下的工艺,目前也有许多典型的基于纳米波导的系统。以微波光子学为例,通过片上多接点延迟线处理方案,展示了一种具有数十微秒级重构速度的紧约型微波滤波器[9],其带宽可调、中心频率灵活,能够支持第五代(5G)、雷达和片上信号处理。这项工作为光学系统的全面集成铺平了道路,利用纳米波导为纳系统的实现打下了坚实的基础。

图 7.1.1　纳米集成环路示意图[8]

纳系统的研究涉及多学科交叉,应用广泛。本章将依照纳系统的应用领域进行分类,期望读者能够对纳系统产生更进一步的了解。

7.1　基于传感应用的纳系统

传感系统广泛应用于工业、医疗、军事和民用领域。随着传感系统的微型化,人们对传感器在不同领域的需求不断增加。例如,在力学中测量旋转、振动、加速度、弯曲、扭转、位移、应变;在环境监测中测量温度、压力、气体、化学污染物;在生物医学和医学诊断中检测生物液体中的生物分子和化合物浓度。

在光学传感应用方面,将表面等离激元结构集成到磷化硅中,可以通过放大局部电场强度来增强磷化硅的性能,从而实现或改进光整形、光探测和光传感等应用。图 7.1.2 通过将表面等离激元共振器直接集成在中红外硅波导的顶部,实现了与等离激元共振器的高效耦合,从而产生了一种新的高效光传递方案[10]。这种方法结合了表面等离激元较大的场增强和介电波导的超低传播损耗。这种混合集成可以省去体积较大的自由空间光学设置,并且可以实现完全集成的芯片光学传感系统。该研究将超紧凑的表面等离激元谐振器,直接制作在硅波导顶部,用于中红外光谱化学传感。这些表面等离激元谐振器的占地面积仅为 $2\ \mu m^2$,沟道宽度仅为 $30\ nm$,但它们可以有效地与中红外波导模式耦合。

此外,结合纳米光学,电子-光子协同设计的系统表现出优异的性能和作

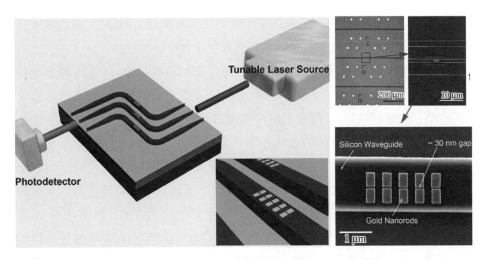

图 7.1.2 用于中红外光谱的表面等离激元传感器[10]

用。如图 7.1.3 所示,结合标准的互补金属氧化物半导体(CMOS)工艺,表面等离激元滤波器、光子探测器、信号读出和处理过程都被集成在尺寸为 65 nm的芯片上,该芯片可以用于荧光生物传感[11]。

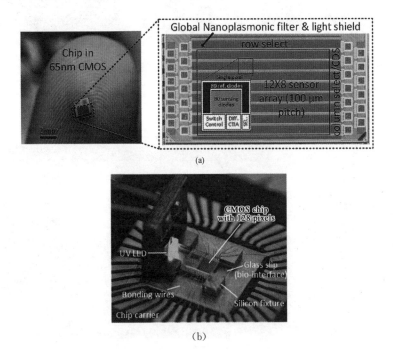

图 7.1.3 (a) 采用标准 65 nm CMOS 制作的多路荧光传感器阵列芯片;
(b) 单片集成的生物传感器[11]

　　不仅仅是光电纳系统,在表面等离激元结构的基础上,通过它与机械方面的结合,引发了表面等离激元结构在传感系统中更广泛的应用。

　　将表面等离激元超表面和微机电系统(MEMS)相结合,可以实现基于相位调制、共振频率、振幅的调制。将致动器尺寸缩小到纳米级别,纳机电系统(NEMS)的致动器扩展了机电机械可调谐纳米表面等离激元超表面的工作频率,其范围可以延伸到更短的近红外和可见光范围。随着尺寸的减小,光场和机械场都更加紧密地结合在一起。因此,光机械调制强度增加。在微小尺度下进行光机械学的研究可能会引领传感和放大方面的新的基础性进展。美国马里兰大学研究团队在这个领域展示了一些开创性的工作,如图 7.1.4 所示[12-14]。他们展示了一种金属-绝缘体-金属(MIM)间隙表面等离激元相位调制器,其中间隙小于 100 nm,表面等离激元相位调制器利用了表面等离激元相

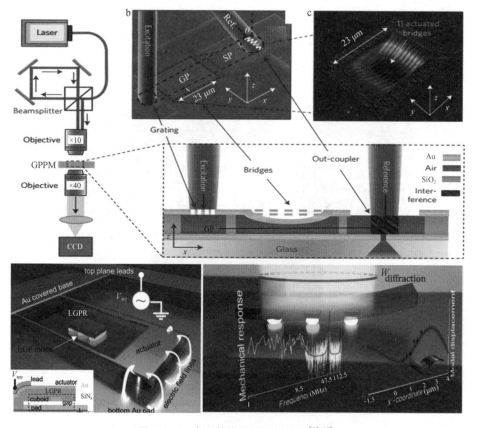

图 7.1.4　表面等离激元机械系统[12-14]

速度对间隙大小变化的高灵敏度,通过静电作用在顶部金属层上进行驱动。利用表面等离激元超表面结构与 NEMS 悬臂梁结合,成功实现了选择性机械转换、机械刺激的放大、机械模式的亚波长空间映射和宽带光学转换等多种应用。

在纳米传感应用中,还有很多的应用并不拘泥于表面等离激元结构。例如纳米能源系统,如图 7.1.5 所示,通过将电压基氮化铝调制器和纺织摩擦电纳米发电机(T‑TENG)集成在可穿戴平台上,形成纳米能量‑纳米系统(NENS)[15]。可穿戴光子学通过提供高速数据传输通道和稳健的光传感路径,为蓬勃发展的复杂可穿戴电子系统提供了一个有前途的发展方向。同时,在实际应用方面,该系统展示了光学莫尔斯电码传输和人体连续运动监测这两种独特的优点。这种纳系统是对未来自我可持续的可穿戴光子集成环路和可调谐光子传感器的重要演示,并且将在物联网和人机界面中找到重要应用。

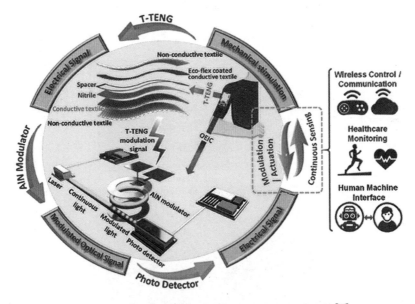

图 7.1.5　可穿戴摩擦电/氮化铝纳米能量‑纳米系统[15]

7.2　基于通信应用的纳系统

在"后摩尔定律"时代,光电混合纳系统更是未来的发展趋势。该系统需要将更多的功能集成在芯片上,用硅或硅工艺兼容的其他材料作为光学介质,与现有的 CMOS 工艺兼容,开发以光电子、电子等为载体的功能器件,并将它们在同一衬底上大规模集成,形成一个完整的具有综合功能的新型集成电路单元,实现对光子进行发射、传输、探测和处理,可在光通、光互连、光计算和光传感等光通信领域应用。光通信领域中最具变革性的工作就是创建集成平台,而纳系统也会成为未来集成平台的发展趋势。随着纳米技术的进步,光电混合纳系统将趋向于更低成本、更优性能和更高集成度的方向发展[16-17],并且在通信传感、计算等领域展现出愈加重要的应用潜力。

图 7.2.1 为单片集成的基于电子-表面等离激元的高速传输器,顶层红色部分为表面等离激元立体层,它集成了全部的光子器件[18]。它们由用于耦合和引导光的无源硅光子组件和用于电光调制的有源表面等离激元组件组成。选择马赫-曾德调制器(MZM)在发射机进行强度调制,在接收机端进行直接检测。实验证明:单片发射机性能优越,在空气环境条件下,符号率(symbol rate)高达 120 GBaud。

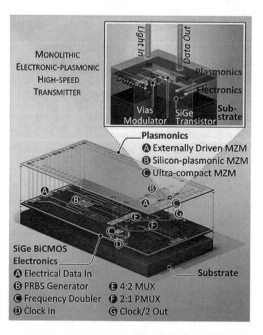

图 7.2.1 单片集成的基于电子-表面等离激元的高速传输器[18]

由此可以看出,纳系统逐渐向集成度高、复杂度高的趋势发展。2015 年,科学家首次报道了一种集成了 7 000 多万个电子晶体管和 850 个光子元件的芯片系统,这些元件一起工作以提供逻辑、内存和互连功能。它所实现的片上微处理器系统利用光子器件直接与其他芯片进行光通信。该芯片在商用的 45 nm 薄埋层绝缘体上硅进行工艺制造[19]。在这之后,美国麻省理工学院(MIT)研究团队及其合作者展示了一种基于 65 nm 晶体管体 CMOS 工艺技术的大规模单片电子-光子系统[20],如图 7.2.2 所示。它将波导、微环调制器、光栅耦合器和雪崩光电二极管等全功能光子组件集成到包含模拟和数字电子器件的 CMOS 芯片中。这种电子-光子集成芯片通过器件尺度的不断缩小,未来有望形成纳米尺度的芯片系统。

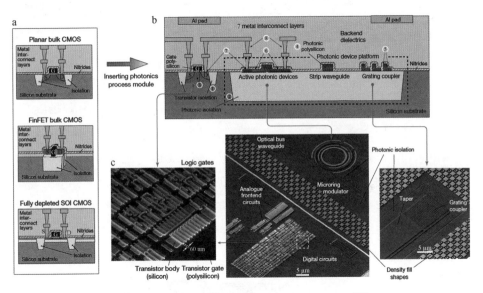

图 7.2.2 纳米级晶体管的电子-光子集成系统[20]

7.3 其他应用

利用表面等离激元纳米结构与热学相结合形成基于超表面的发射器[21],其结构如图 7.3.1 所示,自下而上由 CMOS 基板、MEMS 热板、超材料完美发射极(MPE)结构和氧化铝封接层组成。该工作成功将微机电系统与纳米表面等离激元超表面发射器相结合,在较窄的光谱带宽上实现了 3.96 μm 处发射率高达 0.99 的选择性增强发热。传统上,表面等离激元超表面的性能是通过调整几何形状或控制材料性能来进行调整的,而可重构的表面等离激元超表面通过与微机电系统技术结合可以实现动态调谐能力,同时可以提供更大的光强并为光器件提供波长和偏振选择性。

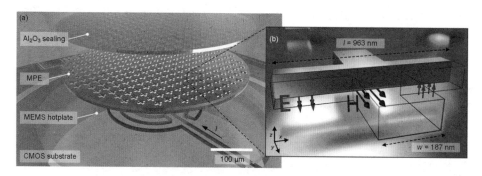

图 7.3.1　用于中红外光学气体传感的片上窄带热发射器[21]

　　编者课题组研制了一种通过面内相干的表面等离激元干涉(SPI)场激发、调制二维材料能谷激子的方法[22],如图 7.3.2 所示。能谷是半导体材料能带的极值点,能谷自由度扩展了半导体中电子的信息密度。通过调节电子和空穴在不同能谷中的分布,可以像调节电荷正负或自旋上下等自由度一样编辑或储存信息。该工作利用 SPI 激励方式,成功突破了光学衍射极限,在纳米尺度实现了对激子能谷自由度的编辑与检测,为在纳米尺度实现能谷激子量子态的调控提供了理论与实验基础。未来有望建立小型化、集成化的全光能谷器件平

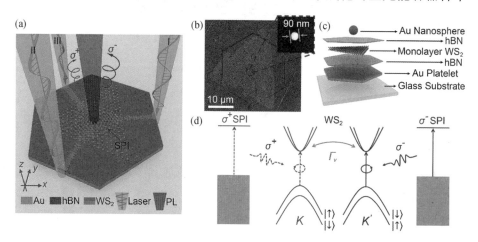

图 7.3.2　表面等离激元能谷激子调制器[22]

台,并可应用于光子集成芯片技术、智能量子信息调控、纳米显微操控、光量子信息存储等领域,为多功能纳系统的构建提供了基础。

7.4 未来展望

由上述内容可以看出,各种系统的尺寸正在不断缩小以适应当前的集成化趋势。此外,将尺寸缩小到纳米级不仅有利于降低能耗,更重要的是,随着纳米光子学原理和工艺的不断进步,纳米结构表现出独特的力、电、热、光、磁等特性,未来可以为纳系统的发展提供更多的机会,并让其在更多的应用领域发挥作用。而这些应用不仅仅局限于纯光学环路,更是激发了纳系统在光互连、光传感、光存储、机械、生物医学、能源、电学等领域的快速发展和融合。我们希望纳系统能得到进一步的研究和测试,将其有意义的应用渗透到更多的领域。

参考文献

[1] Barnes W L, Dereux A, Ebbesen T W. Surface plasmon subwavelength optics[J]. Nature, 2003, 424(6950): 824-830.

[2] Yao Y, Shankar R, Kats M A, et al. Electrically Tunable Metasurface Perfect Absorbers for Ultrathin Mid-Infrared Optical Modulators[J]. Nano Letters, 2014, 14(11): 6526-6532.

[3] Dong J, Zhang Z L, Zheng H R, et al. Recent Progress on Plasmon-Enhanced Fluorescence[J]. Nanophotonics, 2015(4): 472-490.

[4] Cushing S K, Wu N Q. Progress and Perspectives of Plasmon-Enhanced Solar Energy Conversion[J]. The Journal of Physical Chemistry Letters, 2016, 7(4): 666-675.

[5] Radziuk D, Moehwald H. Prospects for plasmonic hot spots in single molecule SERS towards the chemical imaging of live cells[J]. Physical Chemistry Chemical Physics, 2015, 17: 21072-21093.

[6] Cialla-May D, Zheng X S, Weber K, et al. Recent progress in surface-enhanced Raman spectroscopy for biological and biomedical applications: from cells to clinics[J]. Chemical Society Reviews, 2017, 46(13): 3945-3961.

［7］Keshavarz Hedayati M, Elbahri M. Review of Metasurface Plasmonic Structural Color
［J］. Plasmonics, 2017, 12(5): 1463-1479.

［8］Huang M H, Mao S, Feick H, et al. Room-Temperature Ultraviolet Nanowire
Nanolasers［J］. Science, 2001, 292: 1897-1899.

［9］Shu H W, Chang L, Tao Y S, et al. Microcomb-driven silicon photonic systems［J］.
Nature, 2022, 605: 457-463.

［10］Chen C, Mohr D A, Choi H K, et al. Waveguide-integrated compact plasmonic
resonators for on-chip mid-infrared laser spectroscopy［J］. Nano Letters, 2018, 18
(12): 7601-7608.

［11］Hong L, Li H, Yang H, et al. Integrated Angle-Insensitive Nanoplasmonic Filters for
Ultraminiaturized Fluorescence Microarray in a 65 nm Digital CMOS Process［J］. ACS
Photonics, 2018, 5(11): 4312-4322.

［12］Dennis B S, Haftel M I, Czaplewski D A, et al. Compact nanomechanical plasmonic
phase modulators［J］. Nature Photonics, 2015, 9(4): 267-273.

［13］Roxworthy B J, Vangara S, Aksyuk V A. Subdiffraction spatial mapping of
nanomechanical modes using a plasmomechanical system［J］. ACS Photonics, 2018, 5
(9): 3658-3665.

［14］Roxworthy B J, Aksyuk V A. Electrically tunable plasmomechanical oscillators for
localized modulation, transduction, and amplification［J］. Optica, 2018, 5(1): 71.

［15］Dong B, Shi Q, He T, et al. Wearable Triboelectric/Aluminum Nitride Nano-Energy-
Nano-System with Self-Sustainable Photonic Modulation and Continuous Force Sensing
［J］. Advanced Science, 2020, 7: 1903636.

［16］Leslie M. Light-Based Chips Promise to Slash Energy Use and Increase Speed［J］.
Engineering, 2021, 7: 1195-1196.

［17］Ma Z, Yang L, Liu L, et al. Silicon-Waveguide-Integrated Carbon Nanotube
Optoelectronic System on a Single Chip［J］. ACS Nano, 2020, 14(6): 7191-7199.

［18］Koch U, Uhl C, Hettrich H, et al. Plasmonics — high-speed photonics for co-
integration with electronics［J］. Japanese Journal of Applied Physics, 2021, 60
(SB): SB0806.

［19］Sun C, Wade M T, Lee Y, et al. Single-chip microprocessor that communicates
directly using light［J］. Nature, 2015, 528: 534-538.

［20］Atabaki A H, Moazeni S, Pavanello F, et al. Integrated photonics with sillicon
nanoelectronics for the next generation of systems on a chip［J］. Nature, 2018, 556

(7701)：349-354.

[21] Lochbaum A，Fedoryshyn Y，Dorodnyy A，et al. On-chip narrowband thermal emitter for mid-ir optical gas sensing[J]. ACS Photonics，2017，4(6)：1371-1380.

[22] Zhou H L，Zhang X Y，Xue X M，et al. Nanoscale Valley Modulation by Surface Plasmon Interference[J]. Nano Letters，2022，22(17)，6923-6929.

第八章

等离激元纳米结构在
光电子领域的进展及应用

纳米集成光学器件及纳系统技术

光电子器件通过选择性吸收特定波长的光,从而改变光的透射、偏振或相位来实现器件功能。近年来,随着纳米结构制备工艺、近场表征等纳米技术的发展,光电子器件的研究发展迅猛,尤其是具有突破衍射极限的表面等离激元纳米结构,由于其具有显著的光局域与光散射增强特性,可将光局域在深度亚波长范围传输、谐振和散射,已成为纳米光电子器件领域的新兴研究方向,广泛应用于光显示、光伏器件增效、光电探测增强及等离激元热电子效应等领域。本章围绕等离激元的突破衍射极限和局域场增强特性,分别介绍了等离激元纳米结构在显示技术、太阳能电池和光电探测增强等方面的应用。

8.1　等离激元纳米结构在成像技术中的应用

自然界中的色彩主要是由材料的光散射或部分光吸收产生。等离激元发光所产生的颜色是一种由可见光与微纳结构相互作用而产生的结构色。它可以有效地将光子和金属中的自由电子气耦合形成 SPP 吸收(或辐射)特定频率的可见光,从而产生了表面等离激元结构色[1]。相比于化学染料,这种人工微纳结构材料具有易于制造、环保、稳定性好等特点[2]。同时,其次级衍射的局域效应可以突破衍射极限,被广泛应用于高分辨率的成像领域[3-5]。本节简要介绍过去在开发先进等离激元结构色,以及其动态控制方面取得的显着成就。

8.1.1　静态着色的等离激元结构

光栅是具有波长选择性的光学元件。当光栅的背脊和凹槽由金属构成时,光与金属相互作用激发的表面等离激元与光栅的干涉、衍射和散射作用相结合,会实现光子动量的放大[6-7]。而且当光栅周期小于入射波长时可以避免衍射效应,实现对入射角不敏感的透射或反射。因此,将入射光有选择地转换成空间受限的模式,可以调节其透射或反射以产生任意颜色。如图 8.1.1(a)所示,银光栅位于高折射率氮化硅波导上,缓冲层是与玻璃基板匹配的低折射率二氧化硅材料(占空比为 0.7)[8]。金属光栅和高折射率波导层之间的缓冲层厚度可以控制金属光栅中导模的损耗,实现窄带谐振(半峰宽为 30 nm)和高效传输(90%)。如图8.1.1(a)所示,该器件实现了相当纯度的单色滤光。特别而言,级联光栅的传输效率高于传统结构,且可以有效减少输出三原色光谱的重叠[9]。不同于之前由反射光谱产生的加法三原色,利用透射光谱产生的减法三原色是实现滤色的另一条路径。具有亚波长周期的超薄银光栅高透射减色滤波器如图 8.1.1(b)所示,银自身在共振波长处的高透射率使得该纳米结构成为有效的减色滤光片[10]。参数优化后,非共振波段的透射效率可以达到 70%。这种滤色片的像素尺寸接近光学衍射极限,有望在高分辨率彩色成像方面取得进展。

亚波长孔结构的透射率非常低,且周期性金属结构可以提供将入射光转化为 SPP 的动量。因此金属膜上入射光与表面等离子激元的耦合导致了异常的零级传输,称为异常透射增强现象[11-12]。相邻纳米孔之间的 SPP 干扰引起了

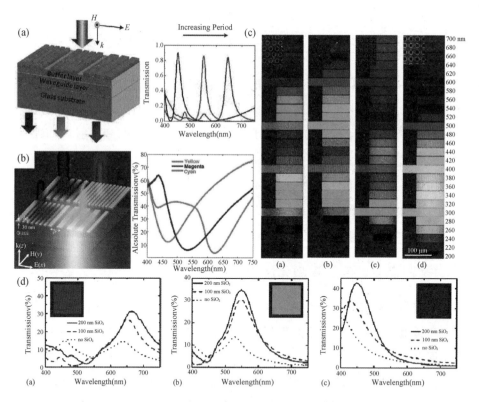

图 8.1.1 （a）左图为带有缓冲层的光栅滤色片结构图,右图为模拟透射光谱;（b）左图为银光栅彩色滤光片的示意图,右图为结构中黄色、品红色和青色测量的 TM 透射光谱[8];（c）从左到右分别为六边形阵列中的圆孔和三角形孔,正方形阵列中的圆孔和方孔的铝纳米孔阵列的光学显微镜图像,比例尺:100 μm[10];（d）纳米孔阵列的三个主色滤色片的尺寸:红色光孔阵列 430 nm,绿色光孔阵列 330 nm,蓝色光孔阵列 250 nm,不加覆盖层、覆盖层厚度为 100 nm 和 200 nm 的透射光测量结果分别用虚线、虚线、实线标记[13]

光的异常透射增强,选择性增强了共振波长处的传输。利用该效应,可以通过调整纳米孔阵列的特性来呈现广泛的色域并减小元件的功耗,如图 8.1.1(c)所示。具有孔阵列金属膜的玻璃基板上会产生不对称的介电环境,两侧不同的 SPP模式在不同的波长处共振,波峰的重叠会降低颜色的纯度。动量的不匹配同样也会导致两侧的耦合效率低下,从而降低透射率。如图 8.1.1(d)所示,在穿孔铝膜的两侧沉积不同的二氧化硅(SiO_2)层可实现折射率匹配,极大地提高了颜色饱和度和透射效率[13]。虽然这些纳米孔阵列的分辨率已经可以满足大多数实际应用的要求,但与光栅纳米结构的彩色滤光片相比传输效率仍然较低。

将电介质夹在两个反射金属薄膜之间可实现共振。这种金属-绝缘体-金属结构通常被称为间隙等离激元结构,具有良好的光吸收特性[14-15]。受益于金属-绝缘体之间表面等离激元间的强近场耦合效应,基于间隙表面等离激元模式的滤色片有众多优势,比如亚波长量级的像素大小、较大的入射角公差、清晰的反射或透射光谱和较宽的色域[16-19]。如图 8.1.2(a)所示,耦合到金衬底的周期性金纳米盘结构可以将颜色信息编码到仅包含一个谐振器的像素点中。虽然大多数等离激元纳米结构的颜色对环境指数敏感,但这种纳米结构可以承受透明介电覆盖层的覆盖,而不会改变太多颜色(图 8.1.2(b))。这类结构可以通过在不破坏颜色的情况下涂上透明层以实现环境可用性[16]。由于间隙表面等离激元表现出强烈的驻波共振,每个亚波长像素都可以单独调谐,而且其强烈的窄带光吸收也有助于产生饱和的颜色。如图 8.1.2(c)所示,该结构由铝纳米天线作为单个彩色单元[17]。图 8.1.2(d)中彩色的"Nano"字母,每种颜色都可以编码到没有相邻元素的单个像素点中。这种紧密元件之间的光学相互作用非常弱,与基于周期性的等离激元结构(如金属孔阵列)完全不同。

由于多元基本结构会引起相邻元件之间的 SPP 串扰,因此减小彩色像素尺寸非常困难。在周期性金属纳米盘中通过激发局部等离激元共振可以使像素的大小减小到波长量级,纳米盘和纳米孔的近场相互作用为产生小于半波长的像素提供了可能。混合纳米盘和纳米孔阵列的代表性结构是将悬浮在介电柱顶部的纳米盘放置在一个作为反射器的金属孔径上[20-21]。使用衍射极限下的高分辨率纳米打印技术,在硅衬底上的氢倍半硅氧烷聚合物柱上沉积一层薄的金-银纳米盘,实现了 250 nm 像素不同颜色的反射,将空间分辨率提高到100 000 dpi 左右[3]。图 8.1.3(e)展现出不同间隙和圆盘大小下所得到的具

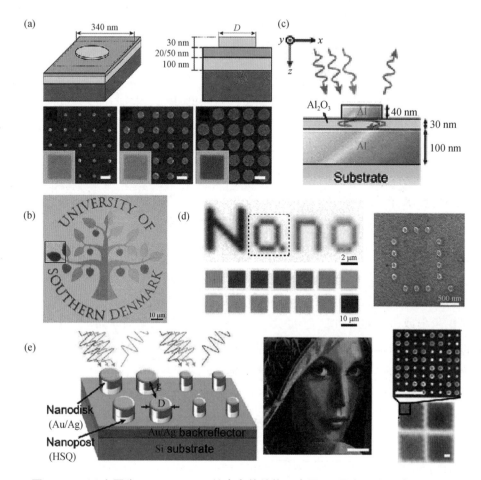

图 8.1.2　(a) 上图为 $SiO_2-Au-SiO_2$ 纳米盘的结构示意图, 下图为平均尺寸为 80 nm、120 nm 和 270 nm 的纳米盘的扫描电子显微镜图像; (b) 未覆盖的 (左) 和用 100 nm 厚聚甲基丙烯酸甲酯薄膜覆盖样品后 (右) 的光学显微镜图像[16]; (c) 氧化铝涂层铝膜上的铝纳米盘的横截面示意图; (d) 左图为彩色 "Nano" 字母图案的光学显微照片。右图为字母 "a" 的扫描电子显微镜图像[17]; (e) 左图为背靠反射镜的由 Au/Ag 纳米盘阵列组成的等离激元彩色滤光片结构图, 中间为结构形成的光学显微图像, 比例尺: 1 μm, 右图的棋盘图案由 250 nm 色块组成的 2×2 纳米盘构成, 如扫描电子显微镜所示, 比例尺: 500 nm[3]。

有代表性的纳米结构示意图和成像图案。该图案像素尺寸 (250 nm×250 nm) 接近光学显微镜的理论衍射极限, 提升了在光学衍射极限下的分辨率。

8.1.2　等离激元颜色的动态控制

由于等离激元结构色系统的共振频率取决于谐振器的几何形状和组成, 它在大多数情况下只能产生静态的颜色。虽然实现动态结构色的生成具有挑战性,但对于显示设备来说是必不可少的。将入射光的不同偏振状态映射到不同颜色是实现动态可调最直接的方法。这给操纵等离激元共振模式提供了一定的自由度。一些等离激元结构,比如依赖于传播模式的光栅、金属纳米孔以及纳米盘结构都表现出对偏振的依赖性。因此,可以通过旋转光束或平行于纳米结构放置偏振器以产生不同的颜色。如图 8.1.3(a)所示,可以使用等离激元相位延迟器的银基光栅滤色片,可以赋予相同输入图像不同颜色的属性[22]。比如设计具有不对称十字形孔径结构可以实现如图 9.1.3(b)所示的单像素的双色选择[23]。另外,椭圆纳米盘和纳米立方组成的二聚体结构也可以表现出偏振依赖性滤色效果,如图 8.1.3(c)所示[24]。强场被限制在二聚体的间隙中,耦合偶极子模式在一个偏振态中被激发。

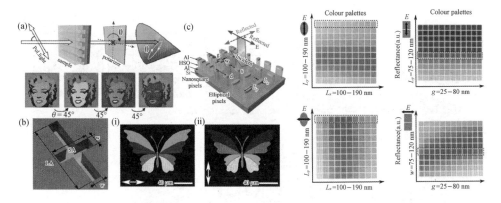

图 8.1.3　(a)上图使用银基光栅滤色过程的示意图,下面四张说明了增加入射偏振角度的效果[22];(b)左图为不对称十字孔等离激元彩色滤光片示意图,孔径的平均尺寸为 $w=(30\pm2)$ nm, $P=340$ nm, $SA=(120\pm5)$ nm, $LA=(203\pm3)$ nm,右上图为偏振变化的调色板,(i)是由于沿 SA 的偏振而通过 LA 传输的颜色,(ii)是由于沿 LA 的偏振而产生的通过 SA 传输的颜色,右下为沿 SA 和 LA 偏振时蝴蝶翅膀颜色变化的显微照片[23];(c)上图为依赖于偏振的二元耦合纳米盘结构的示意图,下图为椭圆和耦合纳米方形像素的光学调色板,沿(i) y 和(ii) x 方向偏振[24]

等离激元结构可利用电偏置控制来产生动态色彩,这一特性可以例如通过一些电致变性的功能材料比如液晶、导电氧化物、导电聚合物等来实现。利用电驱动可以改变金属纳米结构周围液晶的偏振性或折射率进而调制相邻等离激元像素的颜色[25-27]。为实现大范围的可调性,选择具有高双折射的液晶,并最大化等离激元增强电场和液晶分子之间的重叠。如图 8.1.4(a)所示,现已有一种利用商用液晶在铝纳米孔阵列中增加等离激元颜色可调性的结构[27]。

这种结构的可调谐器件可以与薄膜晶体管技术兼容。将设备集成连接到计算机,可对单个像素进行操作,生成动态完整的图像,如图 9.1.4(b)所示。虽然液晶调制功能强大且运行速度相对较快,但此技术存在额外的制造成本且反射效率和颜色亮度较低。可逆的电化学沉积法可以克服动态等离激元彩色显示中的这些限制。通过控制银离子的电解质凝胶在金纳米圆顶阵列结构电极上的电化学沉积和溶解,可以在金纳米结构上形成壳厚度可调的银层,反射峰在可见光范围内连续调节[28]。像素可以进一步单独编程以呈现不同的颜色,如图 8.1.4(c)所示。该技术可以应用于主动伪装,可以识别环境色并自动改变颜色以匹配背景颜色。如图 8.1.4(e)的机械变色龙展示出其效果。此外该结构具有显示等离激元晶胞的潜在能力,可用于低功率的显示单元。如图 8.1.4(d)所示的 10×10 快速显示屏在驱动电路逐行矩阵寻址下在屏幕动态生成的

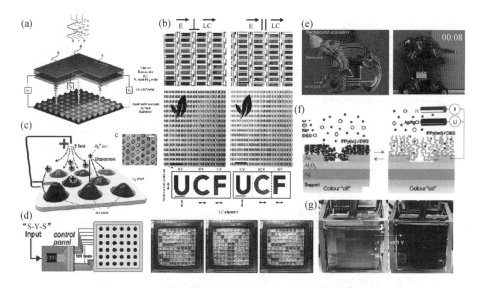

图 8.1.4　(a)液晶等离激元器件的示意图,通过在单元上施加电场,可以在不同状态下改变液晶的方向,从而产生红色、绿色和蓝色反射;(b)与薄膜晶体管阵列集成的显微镜图像,比例尺:0.72 mm,通过施加电压进行液晶对准改变了"UCF"图案的色彩,比例尺:1.57 mm[27];(c)等离激元晶胞示意图,显示了通过可逆电化学沉积金在金上进行颜色传感和调整的原理,双层半椭球体代表具有不同银壳厚度的纳米圆顶;(d) 利用快速显示的操作系统其中所有等离激元细胞单元同时操作,显示字母"SYS"的显示操作视频的屏幕截图;(e)等离激元变色龙的原理和效果展示[28];(f)谐振结构的形状,以及导电聚合材料金纳米孔上的调制与聚合;(g)左图为带有红绿蓝三原色像素图案以生成辅助颜色的样品照片。右图显示了聚合的开启状态和关闭状态。右图显示了 1 V 和 0.3 V 偏差下的彩色[29]

"SYS"字母。现阶段,由于晶胞的响应率,该方法还不能提供非常高的显示器刷新率。且氧化等问题不适合需要高色彩耐久性的实际应用。上述的液晶调制和可逆电沉积都不能用于实现超薄的显示器。利用静态等离激元像素和电致变色聚合物的混合体或许可以克服这一限制。导电聚合物可以有效地改变谐振元件的形状从而有效地抑制等离激元共振,改变等离激元颜色当氧化铝间隔层的厚度变化时,在反射模式下可以不同颜色。如图 8.14(f),通过电压偏置,含有十二烷基苯磺酸钠和吡咯的溶液可以选择性地改变导电聚合物的形状[29]。图 8.1.4(g)展现了衰减等离激元共振和在关、开状态下切换颜色的状态。通过动态控制银在预先设定好的空壳上的沉积,也可以实现类似的着色和漂白状态之间的电切换。

除了光学和电学的调制,还有一些其他方式可用于动态等离激元的颜色控制。在相对较低的绝缘体—金属过渡温度(−66 ℃)下,二氧化钒折射率会发生剧烈变化[30]。由于其温度诱导相变是可逆的,因此可以通过改变温度进行动态等离激元颜色的调谐。如图 8.1.5(a)所示,由于 SiO_2-VO_2 层上银纳米盘的局域表面等离激元共振对银纳米盘周围环境的折射率非常敏感,因此在高温下诱导二氧化钒从绝缘体到金属的转变会改变反射颜色的变化[31]。除了温度,机械形变也可用于颜色的动态控制。将超表面放置在可拉伸的基底上,通过改变超表面布局,从而改变其光学响应。一种在聚二甲基硅氧烷衬底上生长铝纳米方形阵列结构展示了利用不同拉伸方向上的不同光学响应来拓宽调色板的方式[32]。这种独特的设计能够在不超过 35%应变的温和弹性调制下进动主动调色。该器件覆盖了从红色到蓝色(654~440 nm)整个 CIE 空间的 75%。如图 8.1.5(b)所示,由于通过波长范围较窄的入射光只能观察到周期与光匹配的图案,此结构可以实现其等离子体器件颜色调谐的可逆性。同样,在信息加密和防伪应用中,需要动态等离激元显示结构进行擦除。最近的一项研究表明,使用基于 Mg-MgH_2 之间相变的催化镁纳米结构可以利用氢化和脱氢来擦除和恢复颜色[33]。镁纳米结构支持等离激元共振,可以覆盖整个可见光范围。当信息需要擦除时,将结构暴露在氢气中,以钯层充当催化剂。这种金属到介电相变极大地改变了材料的介电常数,从而也改变了纳米颗粒阵列的光学性质。

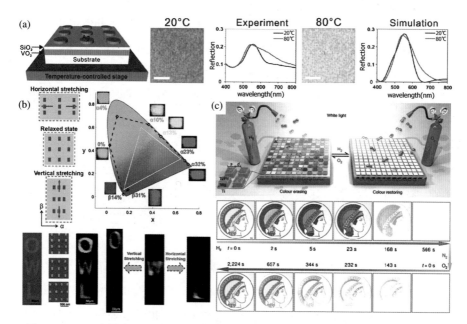

图 8.1.5　(a)左图为 SiO_2 和 VO_2 层上银纳米盘阵列的结构示意图。右图为样品在 20℃ 和 80℃ 下的实测和模拟反射的图像和光谱，比例尺：30 μm[31]。(b)通过拉伸两个维度中的任何一个，显示单元可在等离激元设备上进行全彩色调谐。下图显示了拉伸时字母的动态显示和隐藏[32]。(c)上图为通过镁基等离激元表面的加氢或脱氢实现可逆动态等离激元表面概念示意图。下图为擦除和恢复期间的动态光学显微照片，比例尺：20 μm[33]。

8.2　等离激元太阳能电池薄膜器件

在光伏器件研究方面，光电转换的效率直接决定其发电成本，因此器件工作效率的提升是研究人员的重点突破方向。光电效率转化以及光的有效利用是突破重点，等离激元由于亚波长的局域场作用，在提升太阳能电池的陷光作用方面具有巨大潜力。因此基于等离激元的太阳能薄膜电池成为其中重要的应用方向之一。基于等离激元结构在提升光伏器件性能的研究方面，从原理上可以归纳于表面等离激元结构的高效光调控和光致热载流子的精确调控。

表面等离激元光伏应用的研究可以追溯到 1996 年，美国罗切斯特大学 Stuart 和 Hall 等将球形铜纳米颗粒沉积在硅基薄膜太阳能电池表面，使其在 1 100 nm 波长下的光电流转换效率提高了 14 倍。当时表面等离激元的研究尚处于起步阶段，这些实验工作没有得到详细的理论解释，未能引起足够的关注。2010 年，美国加州理工学院的 Harry A. Atwater 荷兰原子和分子物理学研究所的 Albert Polman 在 *Nature Materials* 上发表了综述论文，文中阐述了表面等离激元用于光伏型器件增效三种理论模型[34]，如图 8.2.1(a)～(c)所示：①表面等离激元纳米结构将入射光进行大角度散射（甚至横向散射），增加入射光的光程；②表面等离激元纳米结构可作为一种纳米聚光器增强其局域光场，进而增加附近区域光伏层的光吸收率；③表面等离激元结构可将入射光变为表面等离极化激元导波模式，将入射光限制在光伏层内传输。2011 年，美国莱斯大学的 Naomi J. Halas 在 *Science* 上发表的关于表面等离激元结构光电探测器的研究性论文。与以上三种模型不同是，该研究不仅利用了表面等离激元结构光场操控的特性，还利用了其非辐射衰退产生的光致热载流子，将金属等离激元结构与半导体形成的肖特基结形成了光生电流，实现了 $1.2～2.5~\mu m$ 的光探测，突破了硅探测器的探测波长极限[35]。这是利用表面等离激元半导体结构光致热载流子机理实现的首个固态光电子器件。利用表面等离激元热载流子效应可以突破传统半导体吸收带隙的限制，为解决现有光伏器件对光的宽谱吸收利用提供了新的思路，其原理如图 8.2.1(d)所示。

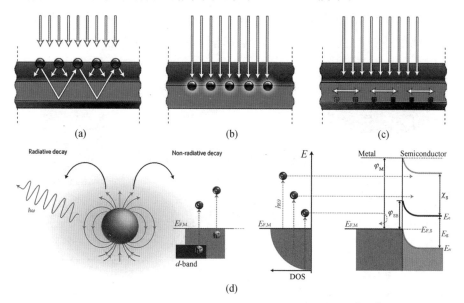

图 8.2.1　光伏型器件表面等离激元增强原理性模型[34,36]

常见的薄膜太阳能电池包括有机材料与半导体材料组成的异质结电池，以及有机太阳能电池等。在之前的研究报道中[37-39]，在薄膜太阳能电池中加入等离激元结构,使得电池在器件材料吸收带隙内,效率得到了显著的提升。如图 8.2.2(a)所示,将金和银纳米颗粒加入 PTB7:PC70BM 有机太阳能电池中,利用等离激元局域场增强的效应,使电池在可见光波段的量子效率得到进一步提升,与未加入金属纳米颗粒的电池相比,同时加入金和银纳米颗粒的 PTB7:PC70BM 有机电池,其效率从原来的 7.25 提升到 8.67,经过 UV-vis 吸收光谱测试,在金属纳米颗粒谐振峰的光谱范围内,该电池的吸收得到增强,该报道利用表面等离激元局域场增强的效应,有效地增加薄膜电池对光的吸收,从而有效地提升薄膜电池的性能[37]。

如图 8.2.2(b)所示,在有机材料 PEDOT:PSS 与硅形成的有机杂化异质结电池中,表面等离激元的应用也同样被予以研究。在有机材料 PEDOT:PSS 中混合加入金纳米颗粒,由于表面等离激元局域场增强的效应,不同浓度的金纳米颗粒混入 PEDOT:PSS 有机材料的溶液中,使其可将光的吸收得到不同程度的增强,从而使其在可见波段令该电池的量子效率也得到了不同程度的增强。对比 PEDOT:PSS 中混入不同浓度金属纳米颗粒的有机杂化电池,其效率从原来未加入表面等离激元结构的 3.68% 提升到加入 5 wt% 金纳米颗粒电池的 7.55%。该报道对表面等离激元在有机硅异质结电池中的应用进行了研究,进一步说明了表面等离激元有望在有机硅异质结电池的增效中产生积极作用[38]。

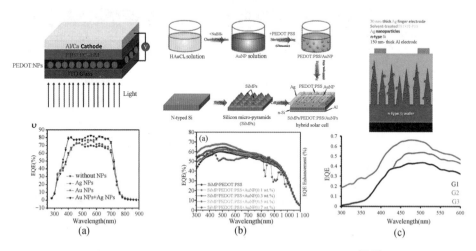

图 8.2.2　现有表面等离激元太阳能电池的增效研究[37-39]

利用表面等离激元局域场增强的效应,在有机硅杂化太阳能电池中引入表面等离激元结构以及其他微纳结构的应用研究,如图 8.2.2 (c)所示,在硅纳米线整列的结构表面修饰银纳米颗粒,之后再旋涂有机材料 PEDOT:PSS,对比不同结构的电池,加入银纳米颗粒的电池比未加入银纳米颗粒电池,量子效率得到明显提升,其效率从 5.5% 提升到 8.4%[39]。

在上面的工作中,纳米结构的作用主要是增加光捕获,并减少光在器件中的损失。另一方面,纳米结构可在微纳尺度上控制电磁场分布,从而实现光伏器件中的载流子管理。通常载流子产生概率分布服从朗伯定律,即随着深度的增加而呈指数衰减。而载流子收集概率在空间电荷区最大,远离空间电荷区收集效率最低,这是由于在空间电荷区,光生电子空穴对可完全分离,而其他区域均需经过扩散过程,存在复合损失。因此,载流子产生和收集概率在空间上并不匹配,仍有提升空间。为了使得产生和收集效率匹配,可考虑改变载流子产生率的空间分布,使得光更多得聚焦在结区,从而提升器件性能。在保持硅太阳能电池的光吸收不变的情况下,通过纳米结构将光能聚焦在太阳能电池的结区,可以抑制载流子复合。与朗伯定律相比,在聚焦情形下,器件短路电流和效率理论上均相对增加 15% 左右[40]。

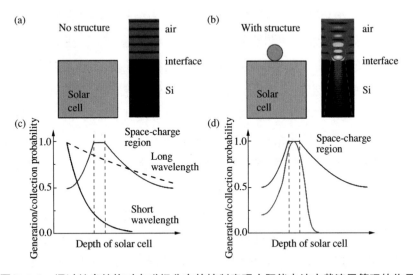

图 8.2.3 通过纳米结构对电磁场分布的控制实现太阳能电池中载流子管理的作用

在大部分关于表面等离激元在薄膜太阳能电池应用研究的报道中,等离激元结构光调控的作用在薄膜太阳能电池的增效中发挥了积极作用。但是将表面等离激元光致热载流子的增强作用应用于薄膜电池的相关研究还比较少。其原因可能在于,在表面等离激元结构中,等离激元的辐射与非辐射效应同时伴随于同一结构中,较难将各个效应单独区分开并且验证是否是热载流子效应起到了最主要作用,因此等离激元利用热电子效应在光伏器件中的增强的机理,也有待未来去进一步证明和研究。但是,在薄膜电池领域,表面等离激元由于其具有多种的对光调控的优异性质,它有望为提升薄膜太阳能电池的性能提供新的思路和方向。

8.3 等离激元红外-太赫兹探测器件

光电探测器是光传感通信系统中的核心组件,该器件的高性能和集成化一直是科研人员不懈追求的目标。传统的光电探测器经过长期研究,在响应度、探测率等指标方面已经达到极致,而且存在需制冷探测、体积大且价格昂贵等缺点,在现有的技术体系下很难进一步提高,从而成为制约空间探测技术发展的瓶颈。因此,需要利用新的材料体系、物理机制来实现性能提升。近年来,碳纳米管、半导体纳米线、量子阱和二维材料等纳米结构材料具有显著的电学和光学特性,为高性能光电探测器的发展提供了新机遇[41,42]。基于二维材料的光电探测薄膜器件由于其独特的结构和优异的物理性质,实现了室温、高速、灵敏的光电探测,但仍存在光吸收较低、响应频段较窄等问题,而等离激元纳米材料与二维材料光电探测相结合给器件性能的提升提供了新的契机,研究人员也越来越关注等离激元纳米结构对探测器的影响。金属纳米结构可实现表面等离子体共振,实现了局域场增强,从而提高了光吸收效率。此外,表面等离子体激元可产生热载流子,引发等离子体激元诱导的界面热电子转移,而注入二维材料的热载流子既实现了光响应的增强,又扩大了材料带隙之外的可探测波长。总而言之,等离激元纳米材料可以在亚波长尺度上实现光场调控,是实现探测器响应增强的重要研究方向,本节将简要介绍基于 LSPR 和 SPP 两种机制实现增强的光电探测器件。

金属纳米结构与二维材料接触会激发 LSPR 效应,此时金属纳米结构可视为天线,在近场区域对入射光场实现了数量级的放大,近场增强效应会增强二维材料对光子的吸收,同时热载流子会注入二维材料功能层,从而进一步提升器件光响应。Du 等人提出了一种具有垂直杂化结构的石墨烯光电探测器,将石墨烯插入两个电极之间［图 8.3.1(a)］[43]。如图 8.3.1(b)所示,热电子通过垂直杂化结构隧穿并产生增加的响应度,垂直热载流子隧道不同于传统的平面内电荷传输,为实现高灵敏度和超宽带光电探测器提供了另一种有效途径。

　　此外,等离激元纳米结构在调节二维材料光电探测器的光电特性方面还表现出显著的多功能行为。Yao 等人的研究表明,金属纳米结构既可以作为天线收集入射光,又可以作为纳米电极实现光生载流子的高效收集[44]。当在石墨烯和天线纳米电极之间添加钯(Pd)金属层时,钯和石墨烯层之间的接触电阻降低,电子会从纳米电极传输到石墨烯中,再移动到附近的纳米电极,从图 8.3.1(c)中的电流密度分布中可以明显看出该电子迁移行为,同时由于距离的缩短使得电极间载流子传输效率提高,进一步增强了器件的响应度。此外,非对称金属接触是半导体二极管中实现整流特性的常用电极结构,它可以与等离激元谐振结构相结合,实现零偏压下的光生电流响应,基于此可设计低功耗光电探测器。金属栅极是其中最常用的等离子体结构[45-47],Wang 等人采用不对称等离子体结构作为光电探测器的两个电极,其中一个电极由谐振天线组成,另一个电极由非谐振天线组成［图 8.3.1(d)］[48],由于谐振线可以产生比非谐振线更多的载流子,器件产生了不对称电势差,从而在零偏条件下测出了光电流。除了上述二维材料的等离激元诱导调制策略外,等离激元诱导的热调制和电子调制也对光电流增强有显著贡献。Li 等人提出了纳米光栅结构,与图 8.3.1(f)[49]所示的简单纳米颗粒阵列相比,纳米光栅结构大大增强了 LSPR 响应。此外,等离激元热效应可提升 MoS_2 中的载流子温度,进一步增加器件的响应光电流。近期报道了一种新的等离子体增强工作机制［图 8.3.1(g)］,其中不同激子态之间的竞争归因于等离子体谐振模式增强的光载流子产生的协同作用和 MoS_2 的门可调电子结构,等离子体光场效应晶体管达到 2.7×10^4 A/W 的高响应度,器件光电流增加 7.2 倍［图 8.3.1(h)］[50]。

　　除 LSPR 效应可实现探测增强外,支持 SPPs 激发和传输的金属电极,可收集远离二维材料沟道的入射光,并以 SPPs 的形式将能量传递到结区［图 8.3.2(a)］,使得二维材料光电探测器的光收集和吸收效率显著提高。Echtermeyer 等人将金电极制成线性等离激元光栅［图 8.3.2(b)］,收集到的光子能量通过 SPP 波传递到异质结区,器件的响应度提高了 400%。此外,如图 8.3.2(c)所示是一种典型的圆形光栅结构,可以将 SPP 高效地传输到中心孔径区域,探测器与局域

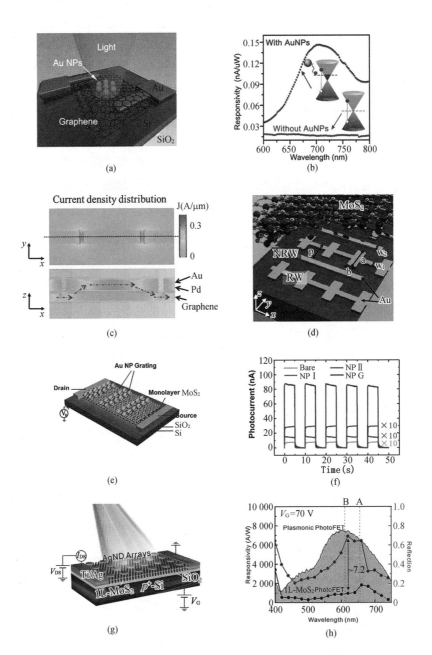

图 8.3.1　(a)混合金-石墨烯光电探测器示意图；(b)金纳米颗粒增强石墨烯光电探测器的响应度；(c)集成金纳米电极的石墨烯光电探测器中的电流密度分布；(d)集成不对称天线的双层 MoS$_2$ 光电探测器示意图；(e)纳米颗粒光栅结构的单层 MoS$_2$ 光电探测器示意图；(f)集成了不同等离子体纳米结构的裸 MoS$_2$ 光电探测器和混合 MoS$_2$ 光电探测器的光电流；(g)与 Ag 纳米磁盘阵列集成的门可调谐等离子体 MoS$_2$ 光电晶体管的原理图；(h)原始 MoS$_2$ 光场效应晶体管和等离子体光场效应晶体管的光响应谱[44-50]

光场的相互作用进一步增强。Deng 等人在中红外石墨烯光电探测器中应用了多谐振频率的光栅结构,该探测器实现了频率滤波器和光电探测器双重功能。Azar 等人将靶眼光栅与位于中心孔径的光学纳米天线[图 8.3.2(c)]结合起来,将单层石墨烯的光吸收提高了 558 倍。纳米天线激发出 LSPR 将电磁场集中在沟道间隙中,通过 SPP 和 LSPR 效应诱导增强了光与物质的相互作用,在长波红外石墨烯光电探测器的探测能力增强了 32 倍。

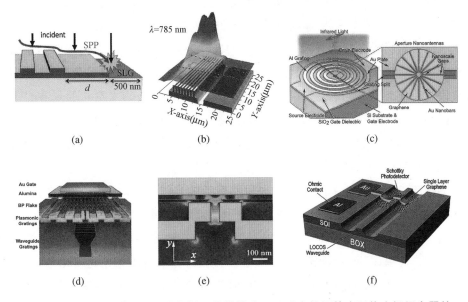

图 8.3.2　(a)SPP 传播和二维材料干扰的描述;(b)垂直偏振等离子体光栅耦合器的原理图和扫描光电压图;(c)靶心光栅集成石墨烯长波红外探测器示意图;(d)等离子体光栅和硅波导光栅的 BP 光电探测器示意图;(e)BP 纳米沟道的局域场分布;(f)硅-石墨烯等离子体光电探测器示意图[51,52]

　　光波导与等离激元纳米结构的集成结合了波导中的长程传播模式和等离子体纳米结构中的局域场高度约束的优点。采用介质波导不仅可以实现低损耗传输,而且可以实现与硅基加工工艺相兼容,使光电探测器可以应用于光子集成电路中。Chen 等人利用窄带隙 BP 光电探测器集成了硅波导的远程传播特性和 Au 纳米间隙的高局域场约束能力,器件实现了优异的光响应[51]。其中,BP 层位于硅波导和等离子体层之上[图 8.3.2(d)],SPP 能量穿过纳米间隙并进一步在 BP 中实现局域场增强[图 8.3.2(e)]。使得 BP 的光吸收大大增强,再结合硅波导的低损耗传输加上超短 BP 通道的优点,使混合光电探测器具有高响应率。Muench 等人提出了一种片上集成光电探测器，由 SiN 波导、单层石墨烯和分裂栅组成，石墨烯层位于光子波导层和等离子体层的中间，受限的 SPP 模式增强了石墨烯中的光-物质相互作用，从而在石墨烯通道上产生了较大的温度梯度，实现了基于等离激元增强的 PTE 效应。Goykhman 等人提出了一种石墨烯-硅混合光电探测器，在宽度约为 310 nm 的硅波导顶部放置一层石墨烯层和一层金薄膜[图 8.3.2 (f)]。硅波导和金薄膜形成肖特基结，而超薄石墨烯层的引入不会影响 SPP 波的传输。当 SPP 模式被限制在金属-硅界面时，极大地增强了光-石墨烯耦合效果，器件响应度达到了 85 mA/W[52]。

二维材料光电探测器可以通过结合具有各种共振波长的等离子体纳米结构或采用合理设计的具有多共振特性的纳米结构来改变共振峰的位置，实现多波段光响应。Liu 等人报道了一种通过耦合石墨烯与金纳米颗粒的具有光谱选择性光电探测器[53]。通过调整金纳米颗粒的形状、大小和周期性可获得所需的共振频率[图 8.3.3(a)]，使得石墨烯光电探测器的光响应被选择性放大。因此，他们设计的等离子体元增强石墨烯光电探测器可以对多种选定颜色进行敏感响应。Kim 等人采用了基于嵌段共聚物的自组装策略，制造了不同材料聚物模板集成，可以方便地调谐等离子体能带的数量和频率[图 8.3.3(b)，(c)]。这种用于制造等离子体增强石墨烯光电探测器的嵌段共聚物辅助模板协议非常简单，但通过将多波段等离子体共振与宽带石墨烯光响应相结合，可以有效实现任意光响应。此外，二维材料的固有探测带与外部等离子体增强谐振带相结合，也有利于双波段光电探测器的实现。Dai 等人报道了一种基于 InSe 在短波长的高响应性和 Au 纳米粒子在可见光波长的四极等离子体激元共振的等离子体元增强双波段 InSe 基光电探测器[图 8.3.3(d)][54]。因此，InSe/Au 光电探测器在 365 nm 和 685 nm 处表现出双波段光响应，分别达到了图 8.3.3(e)所示的 369 mA/W 和 244 mA/W 的高响应峰。

综上所述，表面等离激元结构由于其在纳米尺度上具有独特的聚光和操纵光的能力，可作为一种光响应材料为实现小型化高性能的光电探测器提供了可能，通过 LSPR 和 SPP 效应，增强光与物质相互作用，提升光吸收率，通过热载流子注入进一步拓宽光谱探测范围和器件响应率，还可以改变共振峰的位置，实现多波段光响应，因此等离激元增强红外-太赫兹光电探测是重要的研究方向。

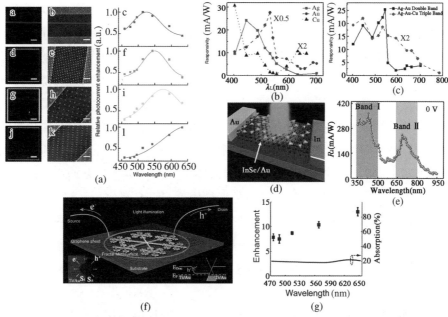

图 8.3.3　（a）石墨烯光电探测器与不同直径和高度的等离子体纳米结构耦合后的暗场图像、SEM 图像以及相应的光电流增强；（b）与单个金属纳米粒子集成的石墨烯光电探测器的响应性；（c）与双、三重金属纳米颗粒集成的石墨烯光电探测器的响应性；（d）与金纳米颗粒集成的多层 InSe 光电探测器示意图；（e）显示双波段光探测的 InSe/Au 光电探测器的响应率；（f）包含金超表面的石墨烯光电探测器示意图；（g）在五个波长处测量的光电压增强因子和金超表面的模拟吸收光谱[52-54]

8.4　其他应用

除以上三类应用外，目前国际上已有许多前沿的研究团队不断推进纳米光学薄膜的实用化研究，从而实现等离激元光电子器件功能或制造技术上的极大突破。金属等离激元纳米颗粒构成的纳米光学薄膜是目前最为前沿的研究方向之一，单个纳米颗粒就可以作为基本结构单元实现对入射光的调控，因而能够实现突破衍射极限的光学应用。利用等离激元共振实现的颜色具有许多非常优异的特性，如极高的分辨率、接近永久寿命和简便的原材料，这些优点都是传统染料工艺所缺乏的。在近几年的典型工作中，杜克大学的研究团队基于超表面像素实现了多光谱成像［图 8.4.1（a）］，超表面像素层是由溶液合成的金属纳米立方体在金属薄膜和聚合物间隔层上沉积而成，从而创建了一个大规模的多光谱超表面像素阵列,用 RGB 像素实现了宏观图像的重建[55]。本课题组攻克了金属纳米材料大规模组装成光学薄膜的关键技术,利用不同尺寸的金属纳米板结构制备了一系列光谱特性可调的厚度仅为 10 nm 的单层金属薄膜[图 8.4.1(b)],基于表面等离激元共振增强吸收和散射的原理,这种薄膜可分别用于滤波和显示应用[56]。此外,这种高度可调的等离激元共振性质以及因此产生的强局域场增强效应,在 SERS、近场光学探针、光学标记以及催化等领域具有广泛的应用前景。本课题组研制的具有各向异性金属纳米板的尖端以及纳米板之间的间隙带来的强局域场增强特性会产生"热点",从而产生显著的 SERS 增强信号,他们实验制备了一种高灵敏度 SERS 衬底,通过致密沉积的银纳米板聚合体层产生的密集分布的热点,使得近场光局域化的电磁场显著增强,从而大幅提升了等离激元纳米结构附近的有机分子的拉曼光谱信号,对 R6G 分子实现了 10^{-8} m 的灵敏度,这种衬底非常适合用于扩展高灵敏度的化学检测和生物传感[57]。

此外,基于表面等离激元纳米结构的波长可调控的共振增强特性,已有国外企业率先展开将其应用于商用显示器的研究,实现了显示器在分辨率、效率及稳定性等性能上的重大突破。2020 年,韩国三星先进技术研究院和美国斯坦福大学的研究团队报道了一种将基于纳米结构的光学超表面与 OLED 显示屏结合的新型显示屏[图 8.4.1(c)],不同的纳米结构图案定义了红色、绿色和蓝色像素,实现了每英寸超过 10 000 像素的超高像素密度[58]。上述工作显著提高了 OLED 显示屏的分辨率。同年,美国环宇显示技术股份有限公司也开展将表面等离激元应用于 OLED 器件稳定性的研究。他们利用银纳米立方体构成的功能层展示了高效且稳定的 OLED 器件,其原理是利用等离子体系统的衰减率增强效应来提高器件的稳定性,同时通过结合基于纳米粒子的耦合方案来从等离子体模式中提取能量,在与参考常规装置相同的亮度下实现了将工作稳定性提高两倍,有望解决因 OLED 的器件效率及稳定性的不足而导致的"烧屏"现象[59],如图 8.4.1(d)所示。

在光谱成像系统的集成滤波器件的研究中,亚波长尺度调控光场的等离激元结构近年来开始发挥重要作用。典型的企业联合高校研究,例如索尼公司联合加州理工大学提出一种基于表面等离激元的纳米铝孔滤波阵列[60]。如图 8.4.1(e)所示,该研究团队在成熟的拜尔阵列(最主流的基于光电传感器实现拍摄彩色图像的阵列)与 CMOS 读出电路工艺基础上,将原有的有机染色滤

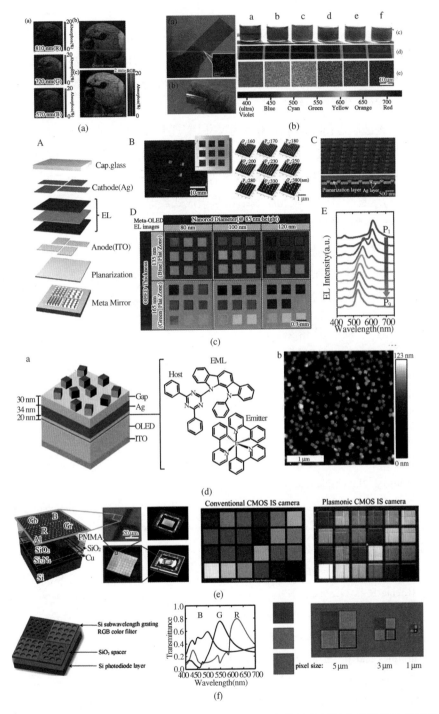

图 8.4.1　(a)基于超表面像素实现的多光谱成像；(b)金属纳米材料大规模组装成光学薄膜；(c)光学超表面与 OLED 显示屏结合的新型显示屏；(d)基于纳米颗粒的等离子体模式耦合的 OLED 显示屏；(e)表面等离激元的纳米铝孔滤波阵列结构；(f)集成硅基纳米孔滤波阵列结构[55~56,58~61]

波片替换为纳米孔阵列,为等离激元结构滤波成像实用化、小型化的集成应用提供先例。2017 年,三星联合加州理工大学提出一种可用于 CMOS 集成的硅基纳米孔阵列结构[61],如图 8.4.1(f)所示,并将光学效率显著提升到 60%至 80%。不同于上文的前照式集成,采用了灵敏度更高、成像质量更好的背照式集成设计。利用干法刻蚀制造孔阵缩小纳米孔的尺寸,实现 3 μm 宽度的拜尔马赛克阵列的正常工作,证明了滤波结构继续小型化的可能。采用高折射率对比度,低损耗的硅基材料体系,不再局限于金属材料特别是贵金属,与半导体生产工艺具有很好的兼容性,这意味着等离激元滤波结构与集成式成像系统向实际应用迈出了关键一步。这些重要的科学研究成果证实了金属等离激元纳米光学薄膜具有超高的分辨率、优异的光学响应以及与现有制造技术的兼容性等特点,显示出良好的发展前景。如果能降低制造成本,并进一步改进调控机制,这些先进技术将在彩色印刷、显示屏、传感、探测成像、光学数据存储等领域有重要的潜在应用。

参考文献

[1] Gu Yinghong, Zhang Lei, Yang J K W, et al. Color generation via subwavelength plasmonic nanostructures[J]. Nanoscale, 2015, 7(15): 6409-6419.

[2] Al-Salem S M, Lettieri P, Baeyens J. Recycling and recovery routes of plastic solid waste (PSW): a review[J]. Waste Management, 2009, 29(10): 2625-2643.

[3] Kumar K, Duan Huigao, Hegde R S, et al. Printing colour at the optical diffraction limit[J]. Nature Nanotechnology, 2012, 7(9): 557-561.

[4] Roberts A S, Pors A, Albrektsen O, et al. Subwavelength plasmonic color printing protected for ambient use[J]. Nano Letters, 2014, 14(2): 783-787.

[5] Tan S J, Zhang Lei, Zhu Di, et al. Plasmonic color palettes for photorealistic printing with aluminum nanostructures[J]. Nano Letters, 2014, 14(7): 4023-4029.

[6] Ritchie R H, Arakawa E T, Cowan J J, et al. Surface-plasmon resonance effect in grating diffraction[J]. Physical Review Letters, 1968, 21(22): 1530-1533.

[7] Homola J, Koudela I, Yee S S. Surface plasmon resonance sensors based on diffraction gratings and prism couplers: sensitivity comparison[J]. Sensors and Actuators B: Chemical, 1999, 54(1-2): 16-24.

[8] Kaplan A F, Xu T, Jay Guo L. High efficiency resonance-based spectrum filters with tunable transmission bandwidth fabricated using nanoimprint lithography[J]. Applied Physics Letters, 2011, 99(14): 143111.

[9] Ye Y, Zhang H, Zhou Y, et al. Color filter based on a submicrometer cascaded grating [J]. Optics communications, 2010, 283(4): 613-616.

[10] Zeng B, Gao Y, Bartoli F J. Ultrathin nanostructured metals for highly transmissive plasmonic subtractive color filters[J]. Scientific reports, 2013, 3(1): 1-9.

[11] Martin-Moreno L, Garcia-Vidal F J, Lezec H J, et al. Theory of extraordinary optical transmission through subwavelength hole arrays[J]. Physical review letters, 2001, 86 (6): 1114.

[12] Genet C, Ebbesen T W. Light in tiny holes[J]. Nanoscience And Technology: A Collection of Reviews from Nature Journals, 2010: 205-212.

[13] Chen Q, Cumming D R S. High transmission and low color cross-talk plasmonic color filters using triangular-lattice hole arrays in aluminum films[J]. Optics express, 2010, 18(13): 14056-14062.

[14] Cai W, Chettiar U K, Yuan H K, et al. Metamagnetics with rainbow colors[J]. Optics express, 2007, 15(6): 3333-3341.

[15] Song M, Yu H, Hu C, et al. Conversion of broadband energy to narrowband emission through double-sided metamaterials[J]. Optics Express, 2013, 21(26): 32207-32216.

[16] Robert, Alexander S, etal. Subwavelength plasmonic color printing protected for ambient use[J]. Nano letters,2014,14. 2: 783-787.

[17] Miyata M, Hatada H, Takahara J. Full-color subwavelength printing with gap-plasmonic optical antennas[J]. Nano letters, 2016, 16(5): 3166-3172.

[18] James T D, Mulvaney P, Roberts A. The plasmonic pixel: large area, wide gamut color reproduction using aluminum nanostructures[J]. Nano letters, 2016, 16(6): 3817-3823.

[19] Wang H, Wang X, Yan C, et al. Full color generation using silver tandem nanodisks [J]. Acs Nano, 2017, 11(5): 4419-4427.

[20] Li W D, Hu J, Chou S Y. Extraordinary light transmission through opaque thin metal film with subwavelength holes blocked by metal disks[J]. Optics express, 2011, 19 (21): 21098-21108.

[21] Li W D, Ding F, Hu J, et al. Three-dimensional cavity nanoantenna coupled plasmonic nanodots for ultrahigh and uniform surface-enhanced Raman scattering over large area [J]. Optics express, 2011, 19(5): 3925-3936.

[22] Duempelmann L, Luu-Dinh A, Gallinet B, et al. Four-fold color filter based on

plasmonic phase retarder[J]. ACS Photonics，2016，3(2)：190-196.

[23] Li Z，Clark A W，Cooper J M. Dual color plasmonic pixels create a polarization controlled nano color palette[J]. Acs Nano，2016，10(1)：492-498.

[24] Goh X M，Zheng Y，Tan S J，et al. Three-dimensional plasmonic stereoscopic prints in full colour[J]. Nature communications，2014，5(1)：5361.

[25] Park C H，Yoon Y T，Shrestha V R，et al. Electrically tunable color filter based on a polarization-tailored nano-photonic dichroic resonator featuring an asymmetric subwavelength grating[J]. Optics Express，2013，21(23)：28783-28793.

[26] Franklin D，Chen Y，Vazquez-Guardado A，et al. Polarization-independent actively tunable colour generation on imprinted plasmonic surfaces ［J］. Nature communications，2015，6(1)：7337.

[27] Franklin D，Frank R，Wu S T，et al. Actively addressed single pixel full-colour plasmonic display[J]. Nature communications，2017，8(1)：15209.

[28] Wang G，Chen X，Liu S，et al. Mechanical chameleon through dynamic real-time plasmonic tuning[J]. Acs Nano，2016，10(2)：1788-1794.

[29] Xiong K，Emilsson G，Maziz A，et al. Plasmonic metasurfaces with conjugated polymers for flexible electronic paper in color[J]. Advanced Materials，2016，28(45)：9956-9960.

[30] Kats M A，Blanchard R，Genevet P，et al. Thermal tuning of mid-infrared plasmonic antenna arrays using a phase change material［J］. Optics letters，2013，38(3)：368-370.

[31] Shu F Z，Yu F F，Peng R W，et al. Dynamic plasmonic color generation based on phase transition of vanadium dioxide［J］. Advanced Optical Materials，2018，6(7)：1700939.

[32] Tseng M L，Yang J，Semmlinger M，et al. Two-dimensional active tuning of an aluminum plasmonic array for full-spectrum response[J]. Nano letters，2017，17(10)：6034-6039.

[33] Duan X，Kamin S，Liu N. Dynamic plasmonic colour display ［J］. Nature communications，2017，8(1)：14606.

[34] H. A. Atwater，A. Polman. Plasmonics for improved photovoltaic devices［J］，Nature Materials，2010，9：205-213.

[35] M. W. Knight，H. Sobhani，P. Nordlander，N. J. Halas，Photodetection with Active Optical Antennas［J］，Science. 2011，332，702-705.

［36］C. Clavero, Plasmon-induced hot-electron generation at nanoparticle/metal-oxide interfaces for photovoltaic and photocatalytic devices［J］. Nature Photonics, 2014, 8 (2): 95-103.

［37］X. Q. Chen, L. J. Zuo, W. F. Fu, et al. Insight into the efficiency enhancement of polymer solar cells by incorporating gold nanoparticles［J］, Solar Energy Materials & Solar Cells,2013, 111. 1-8.

［38］P. V. Trinh. N. N. Anh. N. T. Bac, et al. Enhanced efficiency of silicon micro-pyramids/poly (3,4 ethylenedioxythiophene): polystyrene sulfonate/gold nanoparticles hybrid solar cells ［J］ , Materials Science in Semiconductor Processing. 2021. 137. 106226

［39］D. Banerjee, X. Guo and S. G. Cloutier. Plasmon-Enhanced Silicon Nanowire Array-Based Hybrid Heterojunction Solar Cells［J］ , Solar RRL. 2018, 2, 18000007

［40］D. Su, N. X. Jin, Y. Yang, T. Zhang, Micro- and nano-scale optical focusing for carrier management in silicon solar cell［J］ , Solar Energy, 2023, 264, 112026

［41］M. Long, P. Wang, H. Fang, W. Hu, Progress, challenges, and opportunities for 2D material based photodetectors［J］. Adv. Funct. Mater. (2018) 1803807

［42］Koppens F H L, Mueller T, Avouris P, et al. Photodetectors based on graphene, other two-dimensional materials and hybrid systems ［J］. Nature Nanotechnology, 2014, 9(10): 780-793.

［43］Du B, Lin L, Liu W, Zu S, Yu Y, Li Z, Kang Y, Peng H, Zhu X, Fang Z. Plasmonic hot electron tunneling photodetection in vertical Au-graphene hybrid nanostructures. Laser Photonics Rev. 2017;11(1): 1600148.

［44］Yao Y, Shankar R, Rauter P, Song Y, Kong J, Loncar M, Capasso F. High-responsivity mid-infrared graphene detectors with antenna-enhanced photocarrier generation and collection. Nano Lett. 2014;14(7): 3749-3754.

［45］Wu JY, Chun YT, Li S, Zhang T, Chu D. Electrical rectifying and photosensing property of Schottky diode based on MoS2J. ACS Appl Mater Interfaces. 2018; 10 (29): 24613-24619.

［46］Wang Y, Yu Z, Tong Y, Sun B, Zhang Z, Xu JB, Sun X, Tsang HK. High-speed infrared two-dimensional platinum diselenide photodetectors. Appl Phys Lett. 2020; 116(21): 211101.

［47］Yin J, Wang H, Peng H, Tan Z, Liao L, Lin L, Sun X, Koh AL, Chen Y, Peng H, et al. Selectively enhanced photocurrent generation in twisted bilayer graphene with van

Hove singularity. Nat Commun. 2016;7(1): 10699.

[48] Wang W, Klots A, Prasai D, Yang Y, Bolotin KI, Valentine J. Hot electron-based near-infrared photodetection using bilayer MoS2. Nano Lett. 2015;15(11): 7440-7444.

[49] Li J, Nie C, Sun F, Tang L, Zhang Z, Zhang J, Zhao Y, Shen J, Feng S, Shi H, et al. Enhancement of the photoresponse of monolayer MoS2 photodetectors induced by a nanoparticle grating. ACS Appl Mater Interfaces. 2020;12(7): 8429-8436.

[50] Lan HY, Hsieh YH, Chiao ZY, Jariwala D, Shih MH, Yen TJ, Hess O, Lu YJ. Gate-tunable plasmon-enhanced photodetection in a monolayer MoS2 phototransistor with ultrahigh photoresponsivity. Nano Lett. 2021;21(7): 3083-3091.

[51] Chen C, Youngblood N, Peng R, Yoo D, Mohr DA, Johnson TW, Oh SH, Li M. Three-dimensional integration of black phosphorus photodetector with silicon photonics and nanoplasmonics. Nano Lett. 2017;17(2): 985-991.

[52] Goykhman I, Sassi U, Desiatov B, Mazurski N, Milana S, de Fazio D, Eiden A, Khurgin J, Shappir J, Levy U, et al. On-chip integrated, silicon-graphene plasmonic Schottky photodetector with high responsivity and avalanche photogain. Nano Lett. 2016;16(5): 3005-3013.

[53] Liu Y, Cheng R, Liao L, Zhou H, Bai J, Liu G, Liu L, Huang Y, Duan X. Plasmon resonance enhanced multicolour photodetection by graphene. Nat Commun. 2011;2(1): 579.

[54] Dai M, Chen H, Feng R, Feng W, Hu Y, Yang H, Liu G, Chen X, Zhang J, Xu CY, et al. A dual-band multilayer InSe self-powered photodetector with high performance induced by surface plasmon resonance and asymmetric Schottky junction. ACS Nano. 2018;12(8): 8739-8747.

[55] J. W. Stewart, G. M. Akselrod, D. R. Smith, M. H. Mikkelsen, Toward multispectral imaging with colloidal metasurface pixels. Adv. Mater. 29, 1602971 (2017).

[56] X. Y. Zhang, A. Hu, T. Zhang, W. Lei, X. J. Xue, Y. Zhou, W. W. Duley, Self-assembly of large-scale and ultrathin silver nanoplate films with tunable plasmon resonance properties. ACS Nano 5, 9082-9092 (2011).

[57] X. Y. Zhang, F. Shan, H. L. Zhou, D. Su, X. M. Xue, J. Y. Wu, Y. Z. Chen, N. Zhao, T. Zhang, Silver nanoplate aggregation based multifunctional black metal absorbers for localization, photothermic harnessing enhancement and omnidirectional light antireflection. Journal of Materials Chemistry C 6, 989-999 (2018).

[58] W. -J. Joo, J. Kyoung, M. Esfandyarpour, S. -H. Lee, H. Koo, S. Song, Y. -N. Kwon, S. H. Song, J. C. Bae, A. Jo, M. -J. Kwon, S. H. Han, S. -H. Kim, S. Hwang, M. L. Brongersma, Metasurface-driven OLED displays beyond 10,000 pixels per inch. Science 370, 459-463 (2020).

[59] M. A. Fusella, R. Saramak, R. Bushati, V. M. Menon, M. S. Weaver, N. J. Thompson, J. J. Brown, Plasmonic enhancement of stability and brightness in organic light-emitting devices. Nature 585, 379-382 (2020).

[60] Burgos S P, Yokogawa S, Atwater H A. Color imaging via nearest neighbor hole coupling in plasmonic color filters integrated onto a complementary metal-oxide semiconductor image sensor[J]. ACS nano, 2013, 7(11): 10038-10047.

[61] Horie Y, Han S, Lee J Y, et al. Visible wavelength color filters using dielectric subwavelength gratings for backside-illuminated CMOS image sensor technologies[J]. Nano Letters, 2017, 17(5): 3159-3164.